たのしくできる
PICメカキット工作

鈴木美朗志 著

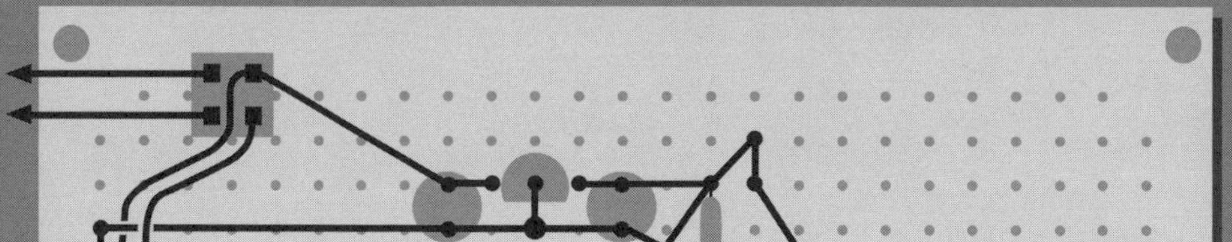

PIC16F84A

東京電機大学出版局

本書の全部または一部を無断で複写複製（コピー）することは，著作権法上での例外を除き，禁じられています．小局は，著者から複写に係る権利の管理につき委託を受けていますので，本書からの複写を希望される場合は，必ず小局（03-5280-3422）宛ご連絡ください．

まえがき

　我が国はロボット大国である．産業用ロボットをはじめ，2足歩行ロボット，各種ロボット競技大会での競技用ロボット，さらに人を楽しませる玩具ロボットなど多種多様のロボットが活躍している．

　だが，初学者が一人でロボットを作ろうとすると，製作費用をはじめ，ロボットの機構やマイコン制御・センサ回路など，難しい点が多々でてくると思われる．そこで，安価で簡単に作ることができないものだろうか，と考えて思いついたのが，市販の工作セットの改造である．

　本書のロボットは，株式会社タミヤから発売された「ロボクラフトシリーズ」の各種歩行タイプの工作セットと「楽しい工作シリーズ」のショベルドーザー工作基本セットを改造したものである．

　この改造ロボットは，工作セットの機構をそのまま利用することができ，PIC（ピック）と呼ばれるワンチップマイコンと各種センサ回路，DCモータドライブICなどを搭載した一種の玩具ロボットとも言える．

　本書の内容は，次のような特徴がある．

1. ワンチップマイコン PIC16F84A を使用する．PIC16F84A は，フラッシュプログラムメモリ搭載なので，何度でも（1 000 回程度）プログラムを即時消去し，簡単に書き換えができる．また，Z80系，H8 などのマイコンと比べ安価で構造がコンパクトであり，リードピッチが 2.54 mm の DIP（Dual In-line Package）型なので手配線も容易である．

2. タミヤの工作セットを改造するので，ロボット本体は安価で簡単に作ることができる．あとは PIC16F84A 搭載の制御回路基板の製作と本体の穴あけ加工と組み立てをするだけである．制御回路基板は小さく，回路は手配線なので，ワンチップマイコンは PIC16F84A が最適である．

3. プログラムは，C言語，アセンブリ言語どちらを利用してもよいように併記する．アセンブリ言語は，マイクロチップ・テクノロジー社より無料

提供されている MPLAB（エムピー・ラブ）というソフトウェアを使う．C 言語は，米国の CCS 社製の C コンパイラ PCM を使用する．この C コンパイラは，MPLAB と統合して使うことができ，豊富な組込み関数と，これらをサポートするプリプロセッサコマンドが用意されている．このため，わかりやすいプログラムをつくることができる．

4．PIC の初学者には，プログラムの仕組みの理解が難しいかと思われる．このため，C 言語・アセンブリ言語ともに，フローチャートと全プログラムを記述し，プログラムを理解するための説明を併記する．さらに，「解説」や「プログラムで使用した命令」で詳しい説明をする．

5．制御回路で使用するセンサ回路や各種の回路は，実測波形や実測値をもとに，「回路の動作」として詳しく図解する．センサは，音センサ・磁気センサ・超音波センサ・光センサ・赤外線リモコン受信モジュールなど，入手可能な一般的なものを使用し，その動作原理を説明する．

6．各制御回路基板は，部品配置と裏面配線図を描く．裏面配線図は，回路図があれば不必要とも思われるが，回路図と併用すれば，経験上，初学者には喜んでもらえる．また，学校の実習などで一斉に製作した場合，指導者が配線ミスをチェックするのに有効である．

7．ロボット本体の穴あけ加工と部品の固定を図解する．タミヤの組立て説明書とともに組み立てに役立つ．

　本書は，市販の工作セットを改造したロボットの作り方なので，ロボット工作に関心はあるが，ロボットの機構が難しいと考えて手をださなかった読者の方々に，製作意欲をもって頂けるのではないかと思っている．また，回路の仕組みや動作原理，プログラムの仕組みなどハード・ソフトのどちらもわかりやすく執筆した．この本が，読者の方々のロボット工作に貢献できれば幸いである．

　最後に，企画・出版に至るまで，終始多大な御尽力をいただいた東京電機大学出版局の吉田拓歩氏をはじめ，関係各位に心から御礼を申し上げる次第である．

2005 年 10 月

著者しるす

も く じ

1. PIC16F84A —————————————————————— *1*

1. 1　PICとは ……………………………………………………………… 1
1. 2　PIC16F84Aの外観と各ピン機能 …………………………………… 2
1. 3　PIC16F84Aの特徴 …………………………………………………… 3
1. 4　PIC16F84Aの基本構造 ……………………………………………… 4
1. 5　PICの命令 ……………………………………………………………… 6
1. 6　プログラムメモリ …………………………………………………… 8
1. 7　ALU・Wレジスタとファイルレジスタ ………………………… 9
1. 8　I/Oポート ……………………………………………………………… 13

2. メカ・ドッグの制御 ————————————————————— *15*

2. 1　メカ・ドックの制御回路 ……………………………………………… 15
2. 2　基板の製作 …………………………………………………………… 21
2. 3　穴あけ加工と部品の固定 …………………………………………… 23
2. 4　メカ・ドッグ組み立ての注意 ……………………………………… 24
2. 5　メカ・ドッグの部品 ………………………………………………… 25

2.6 C言語によるメカ・ドック制御1 ……………………………………27
2.7 アセンブリ言語によるメカ・ドッグ制御1 …………………………32
2.8 C言語によるメカ・ドック制御2 ……………………………………46
2.9 アセンブリ言語によるメカ・ドッグ制御2 …………………………49

3. メカ・ダチョウの制御 ─────────────── *54*

3.1 メカ・ダチョウ制御回路 ……………………………………………54
3.2 基板の製作 ……………………………………………………………60
3.3 穴あけ加工と部品の固定 ……………………………………………62
3.4 メカ・ダチョウの部品 ………………………………………………63
3.5 C言語によるメカ・ダチョウ制御 …………………………………64
3.6 アセンブリ言語によるメカ・ダチョウ制御 ………………………68

4. ショベルドーザの制御 ─────────────── *74*

4.1 ショベルドーザの制御回路 …………………………………………74
4.2 基板の製作 ……………………………………………………………80
4.3 穴あけ加工と部品の固定 ……………………………………………82
4.4 ショベルドーザの部品 ………………………………………………83
4.5 C言語によるショベルドーザ制御 …………………………………85
4.6 アセンブリ言語によるショベルドーザ制御 ………………………88

5. インセクトの制御 — **96**

- 5.1 インセクトの制御回路 ……………………………………………… 96
- 5.2 基板の製作 ……………………………………………………… 104
- 5.3 穴あけ加工と部品の固定 ………………………………………… 106
- 5.4 インセクトの部品 ………………………………………………… 107
- 5.5 C言語によるインセクト制御 …………………………………… 108
- 5.6 アセンブリ言語によるインセクト制御 ………………………… 111

6. 赤外線リモコンによるインセクトの制御 — **116**

- 6.1 赤外線リモコンの原理 …………………………………………… 116
- 6.2 赤外線リモコン送信回路 ………………………………………… 122
- 6.3 送信回路基板の製作 ……………………………………………… 124
- 6.4 送信回路の穴あけ加工と部品の固定 …………………………… 125
- 6.5 赤外線リモコン・インセクトの受信回路 ……………………… 126
- 6.6 受信回路基板の製作 ……………………………………………… 127
- 6.7 穴あけ加工と部品の固定 ………………………………………… 128
- 6.8 赤外線リモコン送信回路と赤外線リモコン・インセクトの部品 ……… 129
- 6.9 C言語による赤外線リモコン・インセクトの制御 …………… 131
    - 6.9.1 C言語による赤外線リモコン送信回路 ………………… 131
    - 6.9.2 C言語による赤外線リモコン・インセクトの受信回路 ……… 137
- 6.10 アセンブリ言語による赤外線リモコン・インセクトの制御 ………… 142
    - 6.10.1 アセンブリ言語による赤外線リモコン送信回路 ……………… 142

　　　　6.10.2　アセンブリ言語による
　　　　　　　　赤外線リモコン・インセクトの受信回路 ……………………… 150

7. 赤外線リモコンによるボクシングファイターの制御 —— *158*

7.1　赤外線リモコン・ボクシングファイター ……………………………… 158
7.2　赤外線リモコン・ボクシングファイターの受信回路 ………………… 160
7.3　受信回路基板の製作 ……………………………………………………… 161
7.4　穴あけ加工と部品の固定 ………………………………………………… 162
7.5　赤外線リモコン・ボクシングファイターの受信回路の部品 ………… 164
7.6　C言語による赤外線リモコン・ボクシングファイターの制御 ……… 165
7.7　アセンブリ言語による
　　　赤外線リモコン・ボクシングファイターの制御 ……………………… 171

参　考　文　献 …………………………………………………………………… 182
索　　　　引 ……………………………………………………………………… 183

PIC16F84A

PIC16F84Aの魅力は，フラッシュプログラムメモリ搭載なので，何度でもプログラムを即時消去し，簡単に書き換えができることにある．それに，WindowsパソコンとPICライタ，そして，マイクロチップ・テクノロジー社より無料提供されているMPLAB（エムピー・ラブ）というソフトウェアがあれば，アマチュアでも簡単にPIC回路を作り，プログラミングができる．

本章では，各種の改造ロボットの製作とプログラミングに先立ち，PIC16F84Aの特徴，基本構成，命令語，プログラムメモリ，各種レジスタ，I/Oポートなど，PICのハードウェアを中心に解説していくことにする．PICに限らず，どのマイコンも，その命令語とハードウェアの関係を理解することによって，プログラムを作ることができる．

1.1 PICとは

PIC（ピック）とは，Peripheral Interface Controllerの頭文字からなる名称であり，周辺インターフェース・コントローラを意味する．PICは，米国のマイクロチップ・テクノロジー社（Microchip Technology Inc.）により開発された**ワンチップマイコン**である．

PICシリーズは，次の三つに大きく分類できる．

(1) 命令長12ビット：アーキテクチャのロー・レンジ
(2) 命令長14ビット：アーキテクチャのミッド・レンジ
(3) 命令長16ビット：アーキテクチャのハイエンド

本書で扱う**PIC16F84A**は，中位のミッド・レンジシリーズに属し，18ピンフラッシュ/EEPROM 8ビットマイクロコントローラとしてよく使用される．

1.2 PIC16F84A の外観と各ピンの機能

図1.1 は，PIC16F84A の外観であり，図1.2 にピン配置を示す．また，表1.1 は，PIC16F84A の各ピン機能を一覧表にまとめたものである．

図 1.1　PIC16F84Aの外観

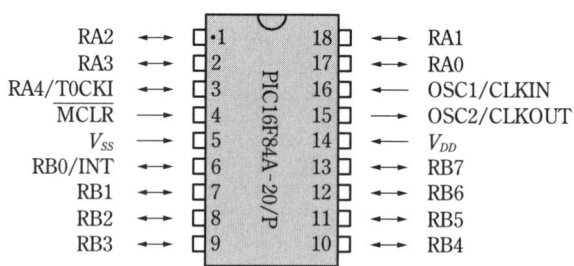

図 1.2　PIC16F84A のピン配置

表1.1 PIC16F84Aの各ピンの機能

ピン番号	名称	機能
1	RA2	入出力ポートPORTA（ビット2）
2	RA3	入出力ポートPORTA（ビット3）
3	RA4/T0CKI	入出力ポートPORTA（ビット4）／タイマクロック入力
4	$\overline{\text{MCLR}}$	リセット（Lレベルでリセット，通常はHレベル）
5	V_{SS}	GND（グランド），接地基準
6	RB0/INT	入出力ポートPORTB（ビット0）／外部割込みピン
7	RB1	入出力ポートPORTB（ビット1）
8	RB2	入出力ポートPORTB（ビット2）
9	RB3	入出力ポートPORTB（ビット3）
10	RB4	入出力ポートPORTB（ビット4）
11	RB5	入出力ポートPORTB（ビット5）
12	RB6	入出力ポートPORTB（ビット6）
13	RB7	入出力ポートPORTB（ビット7）
14	V_{DD}	正極電源端子
15	OSC2/CLKOUT	オシレータ端子2／クロック出力
16	OSC1/CLKIN	オシレータ端子1／クロック入力
17	RA0	入出力ポートPORTA（ビット0）
18	RA1	入出力ポートPORTA（ビット1）

1.3　PIC16F84Aの特徴

PIC16F84Aは，次のような特徴がある．

(1) **フラッシュプログラムメモリ**（1kワード）搭載なので，何度でも（1 000回程度）プログラムを即時消去し，簡単に書き換えることができる．

(2) PICは，**RISC**（Reduced Instruction Set Computer：縮小セット命令コンピュータ）という考え方で設計されている．このため，命令の単純化により1命令を1マシン・サイクルで高速に処理する．

(3) 命令数は 35 と少なく，すべての命令は 1 ワードである．また，2 サイクルのプログラム分岐命令やジャンプ命令を除いて，すべて 1 サイクル命令である．
(4) 14 ビット幅の命令，8 ビット幅のデータである．
(5) I/O ピン数は 13 で，ピンごとに入出力設定が可能である．ポート A が 0 〜 4（RA0 〜 RA4）の 5 ビット，ポート B が 0 〜 7（RB0 〜 RB7）の 8 ビットである．
(6) 動作電圧範囲は，PIC16F84A-20/P では 4.5V 〜 5.5V であり，最大動作周波数は 20MHz である．動作周波数が 10MHz のとき，1 サイクル命令の時間は 0.4μs になる．
(7) 1 ピンごとの最大シンク電流は 25mA，最大ソース電流は 20mA である．RA4 はオープン・ドレインのため，ソース電流はない．

1.4 PIC16F84A の基本構成

図 1.3 は，PIC16F84A の内部を簡単に表した基本構成である．

1.4 PIC16F84Aの基本構成　**5**

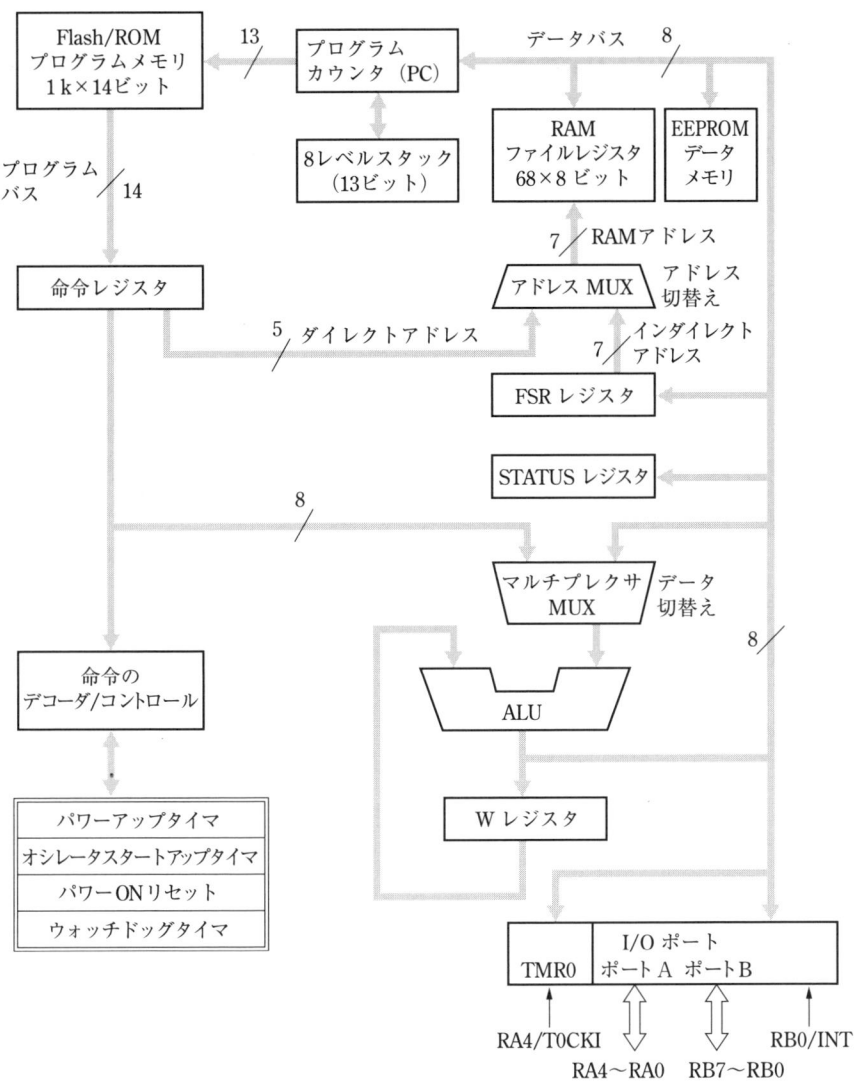

図1.3　PIC16F84Aの基本構成

1.5 PICの命令

PIC16F84Aで実行されるプログラムの命令は，表1.2に示す35個である．表中の記号は次のような意味をもつ．

　f：ファイルレジスタのアドレス（番地）

　W：ワーキングレジスタ（Wレジスタ）

　d：あて先（destination）指定

　　　　d = 0(W)なら，結果をW（ワーキングレジスタ）に移動

　　　　d = 1(F)なら，結果をファイルレジスタのアドレスfに移動

　b：ビットの位置（0～7）

　k：リテラル（定数データ）

ステータスのフラグ

　Z：ゼロステータス

　C：キャリーステータス

　DC：下位4ビットのキャリーステータス

1.5 PICの命令　7

表1.2　PIC16F84Aの命令一覧

命令の種類	ニーモニックとオペランド	実　行　内　容	影響ステータス	サイクル数
バイト対応のファイルレジスタ命令	ADDWF　f, d	加算　W + f→W(d=0)かf(d=1)に格納	C, DC, Z	1
	ANDWF　f, d	論理積　W AND f→W(d=0)かf(d=1)に格納	Z	1
	CLRF　f	fの内容をクリア(0)	Z	1
	CLRW	Wの内容をクリア(0)	Z	1
	COMF　f, d	fの内容を論理反転$\begin{pmatrix}0 \to 1\\1 \to 0\end{pmatrix}$→W(d=0)かf(d=1)に格納	Z	1
	DECF　f, d	f − 1→W(d=0)かf(d=1)に格納	Z	1
	DECFSZ　f, d	f − 1→W(d=0)かf(d=1)に格納し，結果が0なら次の命令をスキップする．		1(2)
	INCF　f, d	f + 1→W(d=0)かf(d=1)に格納	Z	1
	INCFSZ　f, d	f + 1→W(d=0)かf(d=1)に格納し，結果が0なら次の命令をスキップする．		1(2)
	IORWF　f, d	論理和　W OR f→W(d=0)かf(d=1)に格納	Z	1
	MOVF　f, d	転送　f→W(d=0)　　f→f(d=1)	Z	1
	MOVWF　f	転送　W→f		1
	NOP	何も処理しない．実行時間は必要		1
	RLF　f, d	fの内容をキャリフラグCを通して1ビット左にローテイトし，その結果をW(d=0)かf(d=1)に格納	C	1
	RRF　f, d	fの内容をキャリフラグCを通して1ビット右にローテイトし，その結果をW(d=0)かf(d=1)に格納	C	1
	SUBWF　f, d	減算　f − W→W(d=0)かf(d=1)に格納	C, DC, Z	1
	SWAPF　f, d	fの上位4ビットと下位4ビットの入れ替え．結果をW(d=0)かf(d=1)に格納		1
	XORWF　f, d	排他論理和　W XOR f→W(d=0)かf(d=1)に格納	Z	1
ビット対応のファイルレジスタ命令	BCF　f, b	fのビットbをクリア(0)		1
	BSF　f, b	fのビットbをセット(1)		1
	BTFSC　f, b	fのビットbが0なら，次の命令をスキップする．ビットbが1なら，次の命令を実行する．		1(2)
	BTFSS　f, b	fのビットbが1なら，次の命令をスキップする．ビットbが0なら，次の命令を実行する．		1(2)
リテラル処理命令	ADDLW　k	定数加算　W + k→Wに格納	C, DC, Z	1
	ANDLW　k	定数論理積　W AND k→Wに格納	Z	1
	IORLW　k	定数論理和　W OR k→Wに格納	Z	1
	MOVLW　k	定数転送　k→Wに格納		1
	SUBLW　k	定数減算　k − W→Wに格納	C, DC, Z	1
	XORLW　k	定数排他論理和　W XOR k→Wに格納	Z	2
ジャンプ命令	CALL　k	サブルーチンkをコールする．		2
	GOTO　k	指定したk番地(ラベルk)へジャンプ		2
	RETFIE	割込みルーチンから，もとのルーチンへ戻る．		2
	RETLW　k	リテラルkをWに書き込み，もとのルーチンへ戻る．		2
	RETURN	サブルーチンから，もとのルーチンへ戻る．		2
他	CLRWDT	ウォッチドックタイマをクリア(0)		1
	SLEEP	スリープモードにする．		1

(注) 1(2)サイクルは，スキップするときだけ2サイクルの意味である．

1.6 プログラムメモリ

プログラムメモリ（EEPROM）は，プログラムを収納する専用のメモリで，PIC16F84Aの場合，**フラッシュメモリ**で構成される．フラッシュメモリは，電源を切ってもデータが消失しない不揮発性のメモリで，**プログラムライタ**を使用して，何度でも電気的にデータを書き換えることができる．

図1.4に，PIC16F84Aのプログラムメモリと**スタック配置**を示す．プログラ

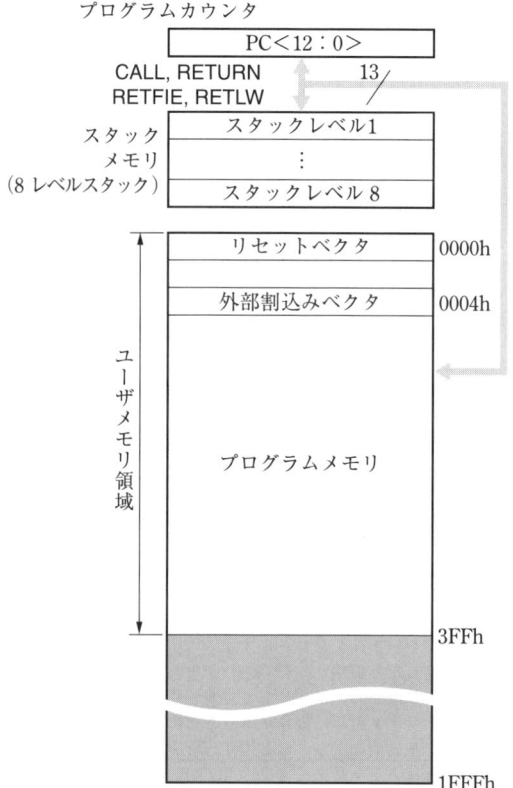

図1.4 プログラムメモリとスタック配置

ムメモリは14ビット幅で，0～3FFh番地の合計1kワードになっている．プログラムメモリのアドレスは13ビットあり，0～1FFFhまでの8kワードまでアクセスできるが，PIC16F84Aに実装されているのは0～3FFhまでの1kワードである．

スタックメモリ（8レベルスタック）は，サブルーチンや割り込み発生時の戻り番地を記憶するもので，レベル1からレベル8まである．このため，8回のサブルーチンのネスティングが可能になる．**ネスティング**とは，サブルーチンの実行中に，その中からさらにサブルーチンへ飛ぶことを意味する．

プログラムカウンタ（PC）は13ビットのレジスタで，下位8ビットPC⟨7：0⟩は，データメモリの02h番地のPCLレジスタにある．PCの上位ビットPC⟨12：8⟩は，直接リード／ライトを行うことができず，データメモリの0Ah番地のPCLATHレジスタを使用する．ここで，**レジスタ**とはデータを一時的に格納しておく装置である．

プログラムカウンタ（PC）は，プログラムの実行を管理するカウンタで，プログラムメモリに対するアドレスを生成する．PCは現在実行中のアドレスを示し，命令を読み込むたびに自動的にインクリメント（＋1）される．すなわち，プログラムは，PCの示すアドレスに従って実行される．

図1.4に示すように，PICのプログラムの始めは0h番地（リセットベクタ）にある．リセット信号でPICが初期化されるとプログラムカウンタ（PC）は**リセットベクタ**を指し，プログラムは0h番地から実行される．割り込み信号による割り込み処理は，04h番地（外部割り込みベクタ）から始まる．

1.7 ALU・Wレジスタとファイルレジスタ

ALU（Arithmetic Logic Unit：算術論理演算装置）は，各命令の指示に従って各種レジスタや**W**（ワーキング）**レジスタ**の内容との演算がなされる場所で，Wレジスタと協調動作をする．Wレジスタは，演算結果を一時的に格納する演

1 PIC16F84A

用のレジスタである．

ファイルレジスタ（データメモリ）は，**プログラムメモリ**と同様に，アドレス（RAMアドレス・7ビット）を指定して使用する．ファイル（メモリ）アドレスは00h〜7Fhの128バイトまでアクセスできるが，PIC16F84Aに実装されているのは00hから4Fhまでの80バイトになっている．128バイトを超える場合は，バンク切替えで対応する．

ファイルアドレス	バンク0	バンク1	ファイルアドレス
00h	Indirect addr[1]	Indirect addr[1]	80h
01h	TMR0	OPTION	81h
02h	PCL	PCL	82h
03h	STATUS	STATUS	83h
04h	FSR	FSR	84h
05h	PORTA	TRISA	85h
06h	PORTB	TRISB	86h
07h			87h
08h	EEDATA	EECON1	88h
09h	EEADR	EECON2[1]	89h
0Ah	PCLATH	PCLATH	8Ah
0Bh	INTCON	INTCON	8Bh
0Ch 〜 4Fh	汎用レジスタ 68バイト (SRAM)	バンク0にマップされている	8Ch 〜 CFh

注(1)：物理的には存在しない。

図1.5 ファイルレジスタの配置

1.7 ALU・Wレジスタとファイルレジスタ

図1.5に示すように，ファイルレジスタは**特殊機能レジスタ**と**汎用レジスタ**より構成される．ファイルアドレスの00h～0Bhおよび80h～8Bh番地までのファイルレジスタは，特殊機能レジスタと呼ばれ，PICの動作を指定するために特別な役割りを持つレジスタである．0Ch～4Fh番地までは，汎用レジスタと呼び，**SRAM（Static RAM）**で構成され，いわゆる変数データを扱う汎用のデータメモリになる．

ファイルレジスタのアドレスは，少ないアドレス空間をできるだけ多くのレジスタとして使うため，**バンク**という概念で管理されている．バンク0のときは，ファイルアドレス00hから4Fh番地までアクセスでき，バンク1のときは，80h～8Bh番地までをアクセスできる．バンク1の8Ch～CFh番地まではバンク0にマップされているため，アクセスできない．

バンクの切替えは，図1.6に示すように，ファイルレジスタのアドレス03h番地にある**STATUS（ステータス）**レジスタのビット5（RP0）を0か1にする．0を書き込むとバンク0に，1を書き込むとバンク1になる．図にある1ビットの**フラグレジスタ**は，演算結果の状態を保持するので，条件により分岐する命令

アドレス	名称	ビット7	ビット6	ビット5	ビット4	ビット3	ビット2	ビット1	ビット0
03h	STATUS			RP0			Z	DC	C

　　　　　　　　　　　　┗━ 0を書き込む（クリア0）→ バンク0
　　　　　　　　　　　　┗━ 1を書き込む（セット1）→ バンク1

ゼロ・フラグ　　Z(ビット2)　：{ 演算の結果が0 → セット(1)
　　　　　　　　　　　　　　　　0以外 → リセット(0)

ディジット・
キャリ・フラグ　DC(ビット1)：{ 演算の結果，下位4ビット目で
　　　　　　　　　　　　　　　　桁上げが発生 → セット(1)
　　　　　　　　　　　　　　　　桁上げが発生しない → リセット(0)

キャリ・フラグ　C(ビット0)　：{ 演算の結果，桁上げが発生 → セット(1)
　　　　　　　　　　　　　　　　桁上げが発生しない → リセット(0)

図1.6　バンクの切替えとフラグレジスタ

などに使用される.

表1.3に，特殊機能レジスタの一覧を示す．

表1.3 特殊機能レジスタ一覧

アドレス	名称	ビット7	ビット6	ビット5	ビット4	ビット3	ビット2	ビット1	ビット0
					バンク0				
00h	INDF	\multicolumn{8}{c}{FSRの内容のアドレスのデータメモリ（物理的には存在しない）}							
01h	TMR0	\multicolumn{8}{c}{8ビットリアルタイム・クロック／カウンタ}							
02h	PCL	\multicolumn{8}{c}{プログラムカウンタの下位8ビット}							
03h	STATUS	IRP	RP1	RP0	$\overline{TO}$	$\overline{PD}$	Z	DC	C
04h	FSR	\multicolumn{8}{c}{間接データメモリアドレスポインタ}							
05h	PORTA	—	—	—	RA4/T0CKI	RA3	RA2	RA1	RA0
06h	PORTB	RB7	RB6	RB5	RB4	RB3	RB2	RB1	RB0/INT
07h		\multicolumn{8}{c}{使用しない，「0」としてリードされる．}							
08h	EEDATA	\multicolumn{8}{c}{EEDATA EEPROMデータレジスタ}							
09h	EEADR	\multicolumn{8}{c}{EEADR EEPROMアドレスレジスタ}							
0Ah	PCLATH	—	—	—	\multicolumn{5}{c}{PCの上位5ビットへの書込みバッファ}				
0Bh	INTCON	GIE	EEIE	T0IE	INTE	RBIE	T0IF	INTF	RBIF
					バンク1				
80h	INDF	\multicolumn{8}{c}{FSRの内容のアドレスのデータメモリ（物理的には存在しない）}							
81h	OPTION_REG	$\overline{RBPU}$	INTEDG	T0CS	T0SE	PSA	PS2	PS1	PS0
82h	PCL	\multicolumn{8}{c}{プログラムカウンタ（PC）の下位8ビット}							
83h	STATUS	IRP	RP1	RP0	$\overline{TO}$	$\overline{PD}$	Z	DC	C
84h	FSR	\multicolumn{8}{c}{間接データメモリアドレスポインタ}							
85h	TRISA	—	—	—	\multicolumn{5}{c}{PORTAデータ入出力設定レジスタ}				
86h	TRISB	\multicolumn{8}{c}{PORTBデータ入出力設定レジスタ}							
87h		\multicolumn{8}{c}{使用しない，「0」としてリードされる．}							
88h	EECON1	—	—	—	EEIF	WRERR	WREN	WR	RD
89h	EECON2	\multicolumn{8}{c}{EEPROM制御レジスタ2（物理的には存在しない）}							
0Ah	PCLATH	—	—	—	\multicolumn{5}{c}{PCの上位5ビットへの書込みバッファ}				
0Bh	INTCON	GIE	EEIE	T0IE	INTE	RBIE	T0IF	INTF	RBIF

1.8 I/O ポート

PIC16F84A は，全ピン数 18 のうち I/O ピン数は 13 ある．これらが**入出力（I/O）ポート**を形成し，データバスを通じてファイルレジスタに接続されている．

PIC16F84A の I/O ポートは**ポート A（PORTA）**と**ポート B（PORTB）**の二つである．表 1.3 からわかるように，PORTA はファイルレジスタのアドレス 05h 番地に，PORTB は同じく 06h 番地に割り付けられている．このアドレスからデータを読み込めば外部端子の入力信号が読み込まれ，データを書き込めば外部端子に出力信号を出す．

それぞれのポートは，ビット単位で入力または出力として設定することができる．この方向を設定するレジスタが **TRIS** レジスタで，PORTA に対応する TRISA は，ファイルレジスタのアドレス 85h 番地に，PORTB に対応する TRISB は 86h 番地に存在する．TRIS レジスタのビットは，PORTA，PORTB の各ビットに対応しており "0" を書いたビットは出力ビットに，"1" を書いたビットは入力ビットに設定される．

ここで，I/O ポートの設定を実際のプログラム例で見てみよう．

例　PORTB の RB0 ～ RB7 はすべて出力ビット．

　　　PORTA の RA1 と RA2 は入力ビット，RA0 と RA3，RA4 は出力ビット．

プログラム例

```
BSF     STATUS, RP0    ; ファイルレジスタ STATUS の RP0(ビット5)をセ
              (注2)→ ット(1)にする。→バンク1            (注1)
CLRF    TRISB          ; ファイルレジスタ TRISB をクリア(0) → PORTB
                         は出力ビット
MOVLW   06H            ; 06H を W レジスタに転送
MOVWF   TRISA          ; W レジスタの内容(06H)をファイルレジスタ
                         TRISA に転送。すると，TRISA は 0110 となり，
                         RA1 と RA2 は入力ビット，RA0 と RA3，RA4 は
                         出力ビット
BCF     STATUS, RP0    ; STATUS の RP0 をクリア(0)→バンク 0
```

〔注〕 本書のプログラムは，紙面の都合上，コメント行（";"より後ろ）が改行されている．注1 で改行を行った場合には，注2 に ";" を付けなければならない．

2 メカ・ドッグの制御

　本章のメカ・ドッグは，タミヤのメカ・ドッグを改造し，PIC16F84Aや音センサ・マイクロスイッチなどを搭載した4足歩行の改造メカ・ドッグである．
　メカ・ドッグを組み立て，制御回路基板の製作や穴あけ加工・部品の固定などをすることにより，4足歩行のためのリンク機構や改造メカ・ドッグの仕組みを学ぶことにする．
　また，音スイッチ回路と単安定マルチバイブレータの動作原理や本書のすべての回路に関係する電源回路・DCモータ回路についても説明し，制御回路の構成を明らかにする．
　本書は，C言語とアセンブリ言語の両プログラミング言語を取り上げている．
　本章では，プログラミング言語の基礎を詳しく解説する．

2.1　メカ・ドッグの制御回路

　図2.1は，タミヤの**メカ・ドッグ**に**PIC16F84A**を搭載した改造メカ・ドッグである．

図2.1　メカ・ドッグ

16　2　メカ・ドッグの制御

電源スイッチONでメカ・ドッグは前進し，前進中に障害物にぶつかると，メカ・ドッグの頭に設置した**マイクロスイッチ**がONになり，後進に変わる．3秒間後進すると再び前進する．

前進中にかしわ手を打つと，**コンデンサマイク**による**音スイッチ**がONになり，後進に変わる．また，赤と緑の**LED**を設置し，前進中は赤のLED，後進中

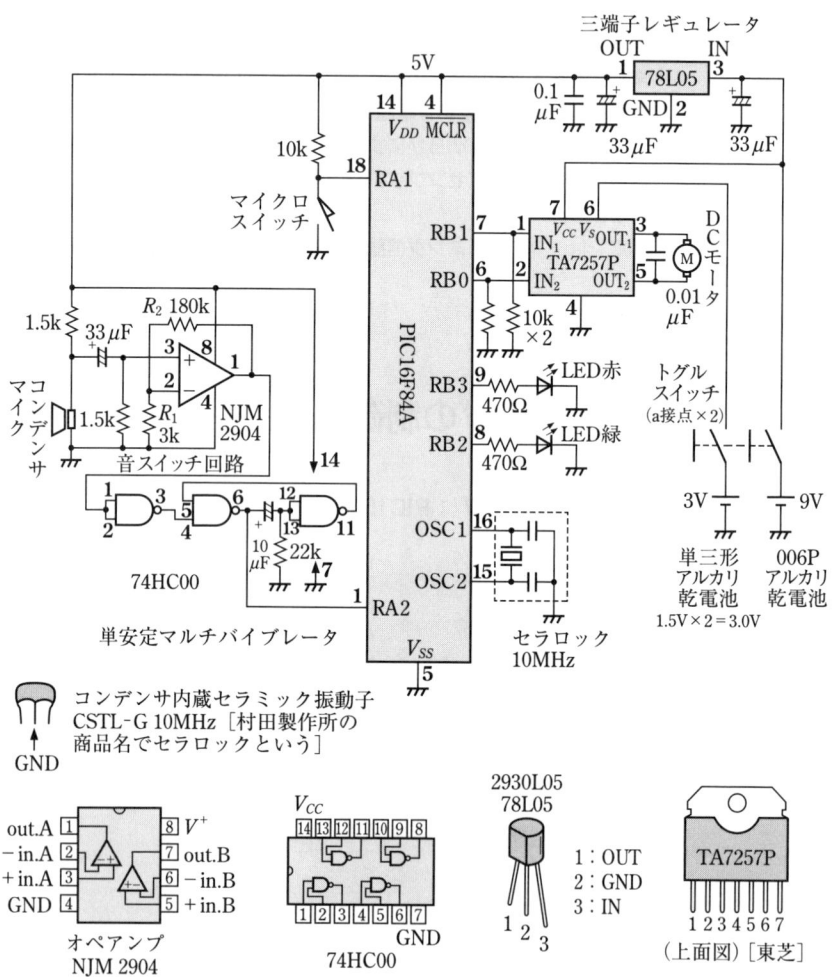

図2.2　メカ・ドッグ制御回路

は緑の LED が点滅する．

メカ・ドッグの機構は，図 2.1 に示すように，**DC モータ**の回転運動を**ギヤボックス**で減速し，**クランク**で前足の往復運動に変え，クランクの動きを**リンクロッド**で後足にも伝えている．

図 2.2 に，メカ・ドッグ制御回路を示す．メカ・ドッグ制御回路は，電源回路，音スイッチ回路と単安定マルチバイブレータ，および DC モータ駆動回路などから構成されている．ここで，各回路について見てみよう．

● 電源回路 ─────────────────

PIC 回路および音スイッチ回路・単安定マルチバイブレータの電源は，アルカリ乾電池 **006P**(9V) を **5V 低損失レギュレータ 2930L05** または**三端子レギュレータ 78L05** の入力とし，定電圧出力 5V を得ている．

DC モータの駆動用 IC には，**TA7257P** を使用し，そのモータ側電源として単三形アルカリ乾電池 1.5V × 2 を使用している．単三形アルカリ乾電池の代わりに，単三形ニッケル水素電池 1.2V × 2 でもよい．

● 音スイッチ回路と単安定マルチバイブレータ ─────────────

図 2.3 は，**音センサ**として**コンデンサマイク**を使った**音スイッチ回路**である．

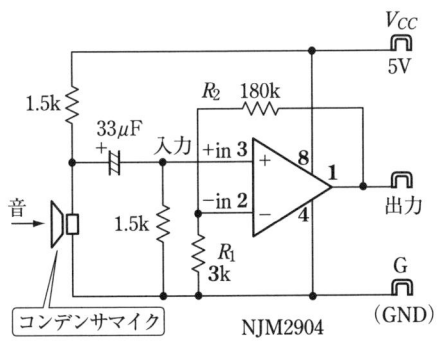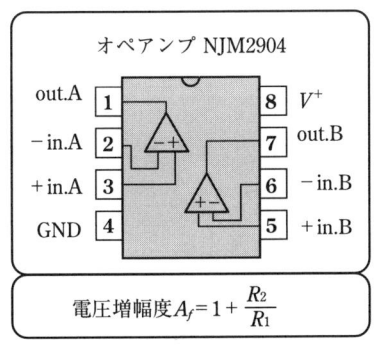

図 2.3 音スイッチ回路

マイクに入った音は，多くの周波数成分を含んだ交流電圧に変換され，**オペアンプ**で増幅される．

この**オペアンプ回路**は，**単一電源**による**非反転増幅回路**であり，入力端子である + in のバイアス電圧が 0 であるため，図 2.4 に示すように，出力電圧は負方向の下半分がカットされた形になる．したがって，入出力電圧の正方向だけで**電圧増幅度** A_f を求めると，次のようになる．

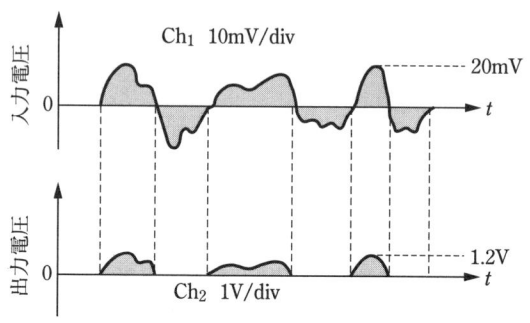

図 2.4 入出力電圧波形

$$A_f = 1 + \frac{R_2}{R_1} = 1 + \frac{180\text{k}}{3\text{k}} = 61$$

図 2.5 は，音スイッチ回路と**単安定マルチバイブレータ**である．この単安定マルチバイブレータと図 2.6 の単安定マルチバイブレータの各部の波形によって，この回路の動作を見てみよう．

■ 回路の動作

① 単安定マルチバイブレータのトリガ入力端子に，図 2.6 に示すような**トリガパルス**が入ると，**インバータ** I_1 で反転し，ⓐ点は常時 "H" レベルから "L" に下降する．

② すると，**NAND ゲート** I_2 の出力であるⓑ点は "H" に立ち上がる．

③ このⓑ点の立ち上がり電圧 5V によってⓒ点も "H" になり，その後，**CR 回路のコンデンサ**を充電していく．

2.1 メカ・ドッグの制御回路　**19**

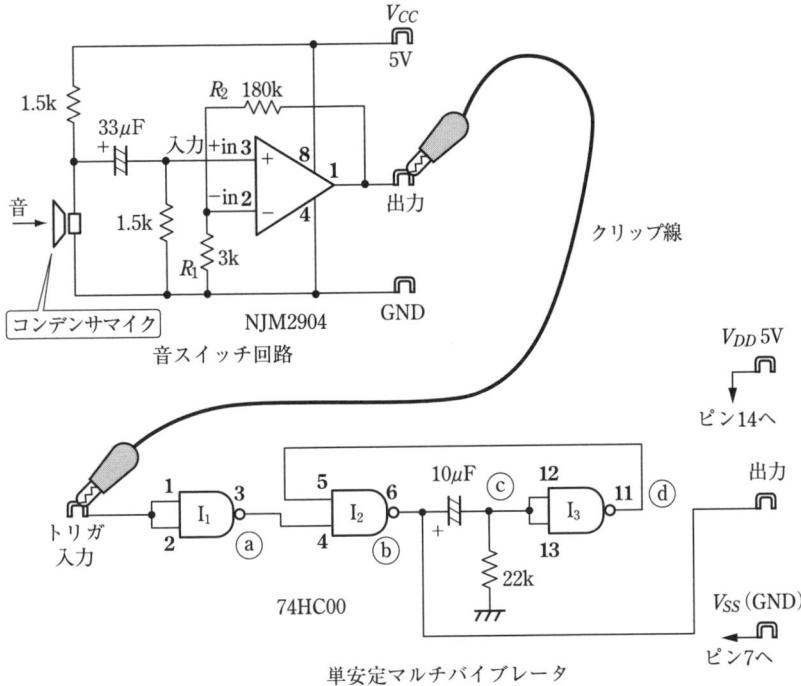

図 2.5　音スイッチ回路と単安定マルチバイブレータ

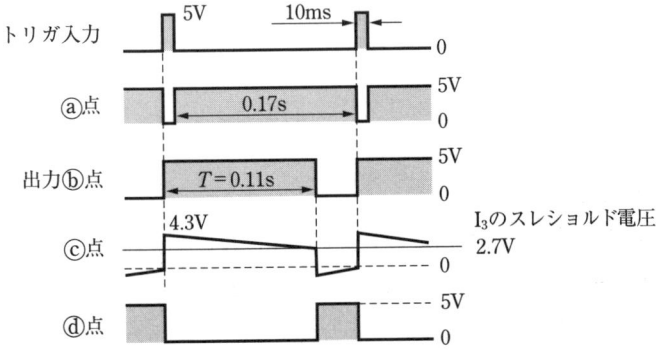

図 2.6　単安定マルチバイブレータの各部の波形

④　コンデンサが充電されていくに従い，ⓒ点の電位は 4.3V からインバータ I_3 のスレショルド電圧 2.7V まで徐々に下降する．この間は，ⓓ点は "L" である．

⑤　インバータ I_3 は，スレショルド電圧 2.7V で反転する．この瞬間，ⓓ点は "H" になり，ⓐ点も "H" なので，NAND ゲート I_2 の出力ⓑ点は "L" に急下降し，ⓒ点も "L" になる．

図 2.5 の音スイッチ回路の出力端子と単安定マルチバイブレータのトリガ入力端子を接続し，電源電圧 5V を加え，**コンデンサマイク**の近くでかしわ手を打ったときの，各部の波形の一例を図 2.7 に示す．図 2.6 と同様に，一定の時間幅 T をもったパルスが単安定マルチバイブレータの出力になる．**C-MOS** のとき，出力パルスの時間幅 T は $T \fallingdotseq 0.7CR$ で概算できる．

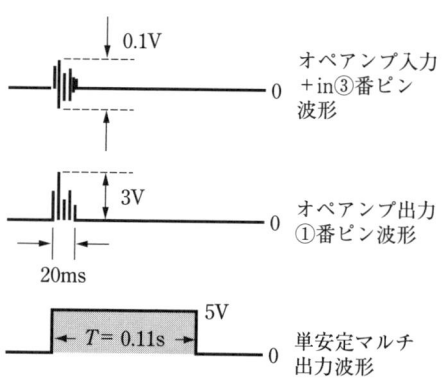

図 2.7　かしわ手を打ったときの波形例

● DC モータ回路 ─────────

図 2.8 は**ドライブ IC TA7257P** による **DC モータ回路**であり，表 2.1 にドライブ IC の**真理値表**を示す．この IC の最大定格（$T_a = 25℃$）は，電源電圧最大 $V_{cc\ MAX} = 25V$，動作 $V_{cc\ ope} = 18V$，出力電流ピーク $I_{o\ peak} = 4.5A$，平均 $I_{o\ AVE} = 1.5A$ である．図に示すように，電源電圧 $V_{cc} = 9V$，モータ駆動電圧 $V_s =$

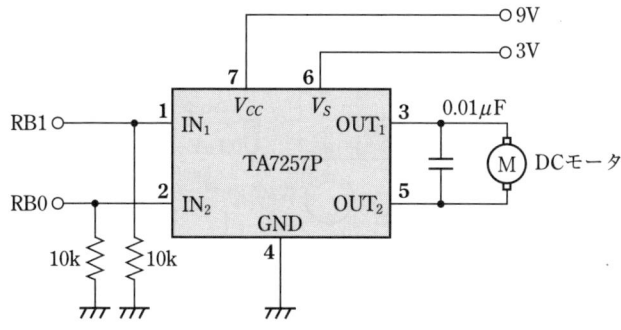

図2.8　ドライブICによるDCモータ回路

表2.1　ドライブICの真理値表

入力		出力		モータ
IN_1	IN_2	OUT_1	OUT_2	の回転
0	1	L	H	正/逆転
1	0	H	L	逆/正転
0	0	高インピーダンス		停止
1	1	L	L	ブレーキ

3Vにしている．

　図2.8のように回路を組み，ドライブICの**真理値表**の入力に従う信号を，ポートBのRB1，RB0から出力する．すると，真理値表に従ってDCモータは動作する．

　DCモータと並列に0.01μFの**セラミックコンデンサ**を接続する．これはDCモータの整流子から発生するスパークの影響を吸収し，**ノイズ**を抑制する働きがある．

2.2　基板の製作

　図2.9は，メカ・ドッグ制御回路基板である．

22　2　メカ・ドッグの制御

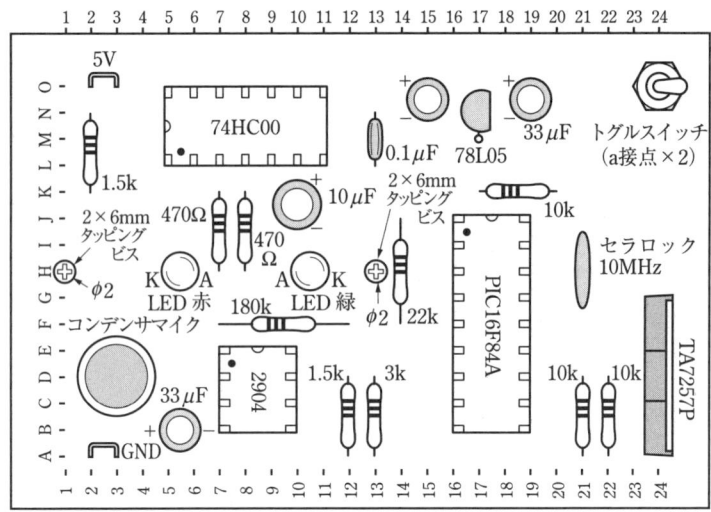

(a) 部品配置

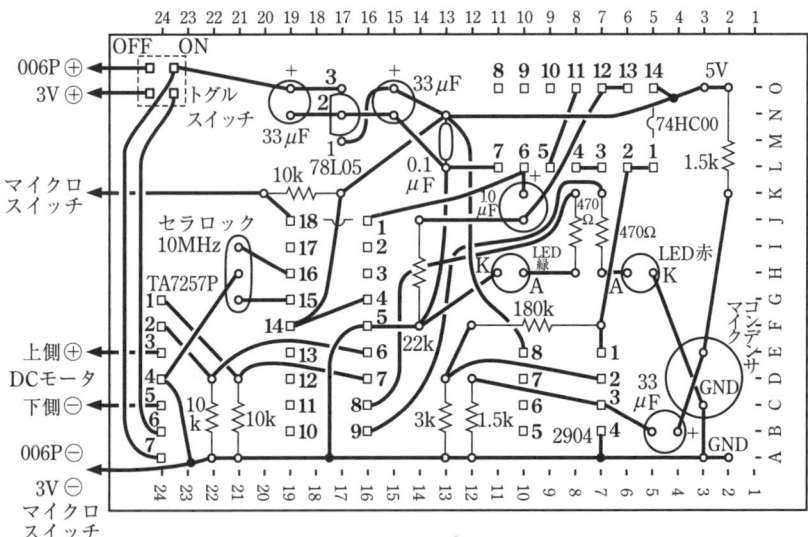

(b) 裏面配線図

図 2.9　メカ・ドッグ制御回路基盤

2.3 穴あけ加工と部品の固定

図 2.10 に，メカ・ドッグの穴あけ加工と部品の固定を示す．

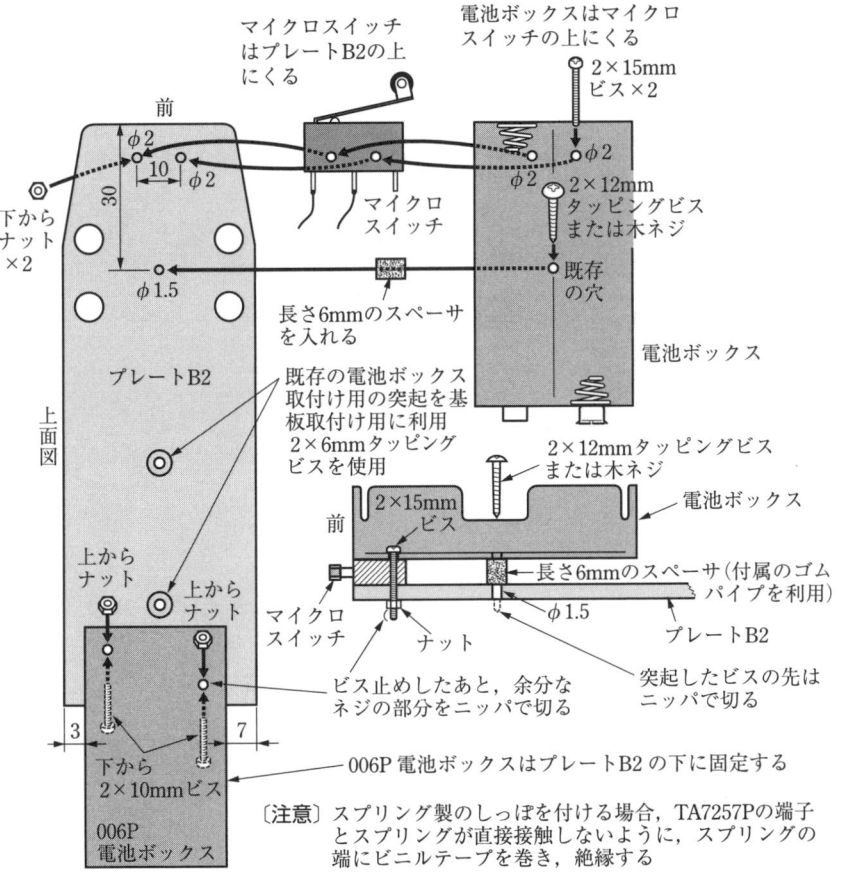

図 2.10　穴あけ加工と部品の固定

2.4 メカ・ドッグ組み立ての注意

メカ・ドッグを組み立てるときに注意することを述べよう．

① **ギヤボックス**はウォーキング（低速）タイプにする．この際に，図 2.11 に示すように，ギヤ G1 と G3 のすき間を 0.5 mm 程度とることが必要である．このすき間が少ないと，メカ・ドッグが滑めらかに動かないことがある．また，付属のグリスをギヤ全体に付けるとよい．

② 図 2.12 に示すように，クランク穴の数字（1～4）により歩幅を調整で

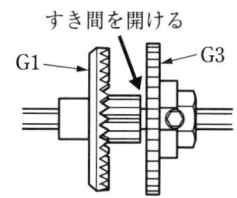

図 2.11 ギヤ G1 と G3 のすき間

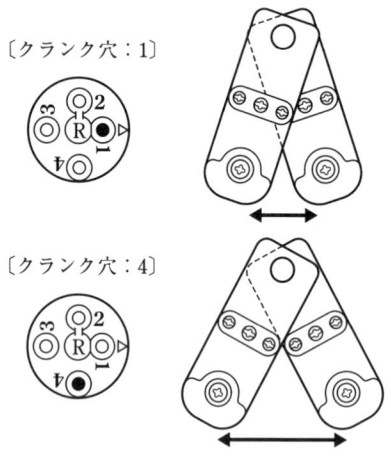

図 2.12 クランク穴の数字による歩幅の調整

き，走行速度を変えられる．数字が大きいほど歩幅は広く，速度は速くなる．ここではクランク穴を"2"とする．

③ クランクの取り付けは，図2.13に示すように，左右のクランクA10, A9の△の向きが逆向きになるように取り付ける．しかし，ここでは，メカ・ドッグが動きながら向きを少しずつ変えていけるように，△の向きを少しずらしてみる．

④ DCモータとTA7257Pの接続は，図2.13に示すようにする．

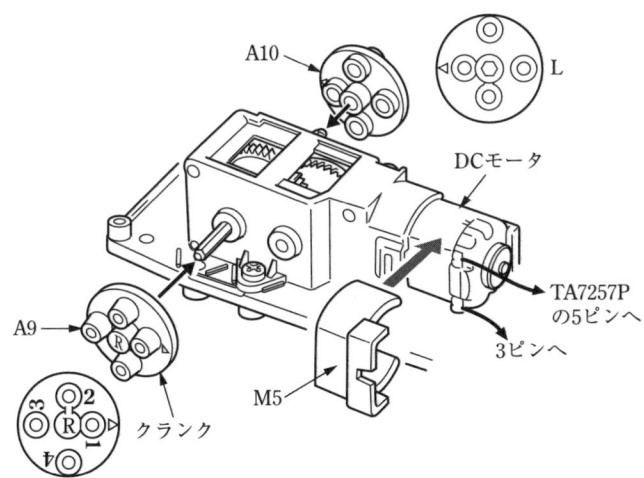

図2.13 クランクの取付け

2.5　メカ・ドッグの部品

表2.2は，メカ・ドッグの部品である．

表2.2 メカ・ドッグの部品

部 品	型 番	規 格 等		個数	メーカ	備 考
PIC	PIC16F84A			1	マイクロチップテクノロジー	
C-MOS IC	74HC00			1		
オペアンプ	NJM2904				JRC	LM358 代用可
ICソケット		18P		1		PIC 用
		14P		1		C-MOS IC 用
		8P		1		オペアンプ用
5V 低損失レギュレータ	2930L05	5V 出力		1		78L05 代用可
DC モータドライブ IC	TA7257P			1	東芝	
LED		φ5	赤	1		
			緑	1		
コンデンサマイク		φ10		1		
抵抗		180k	1/4w	1		
		22k		1		
		10k		3		
		3k		1		
		1.5k		2		
		470 Ω		2		
電解コンデンサ		33 μF	16V	3		
		10 μF		1		
セラミックコンデンサ		0.01 μF	50V	1		
積層セラミックコンデンサ		0.1 μF	50V	1		
セラロック	CSTL-G	10MHz 3本足		1	村田製作所	
トグルスイッチ	MS-600	6P		1	ミヤマ	MS242, 245 代用可
マイクロスイッチ	SS-1GL2-E-4			1	オムロン	同等品代用可
ユニバーサル基板	ICB-88			1	サンハヤト	
単三形乾電池		単三形アルカリ		2		単三形ニッケル水素電池代用可
単三形電池ボックス		2本形		1		
アルカリ乾電池	006P(9V)			1		
006P 電池ボックス				1		
電池プラグケーブル				2		電池スナップ
ビス・ナット		2 × 15 mm		各2		
		2 × 10 mm		各2		
タッピングビス		2 × 12 mm		1		木ネジ代用可
		2 × 6 mm		2		付属品
メカ・ドッグ本体				1	タミヤ	
その他		スペーサ（付属のゴムパイプを使用），リード線，すずめっき線など				

2.6　C言語によるメカ・ドッグ制御1

図2.14は，C言語によるメカ・ドッグ制御1のフローチャートであり，そのプログラムをプログラム2.1に示す．

電源スイッチONでメカ・ドッグは前進し，前進中に障害物にぶつかると，

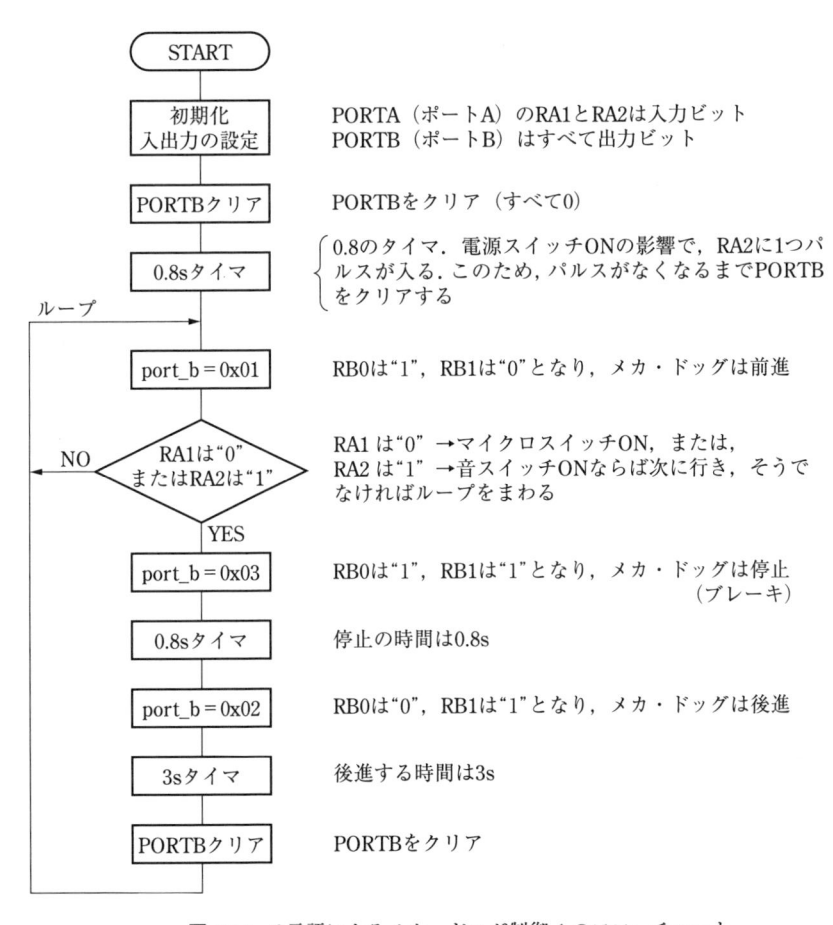

```
           START
             │
    ┌────────┴────────┐
    │    初期化        │    PORTA（ポートA）のRA1とRA2は入力ビット
    │  入出力の設定    │    PORTB（ポートB）はすべて出力ビット
    └────────┬────────┘
    ┌────────┴────────┐
    │   PORTBクリア    │    PORTBをクリア（すべて0）
    └────────┬────────┘
    ┌────────┴────────┐    ⎧ 0.8のタイマ．電源スイッチONの影響で，RA2に1つパ
    │    0.8sタイマ    │    ⎨ ルスが入る．このため，パルスがなくなるまでPORTB
    └────────┬────────┘    ⎩ をクリアする
  ループ     │
    ┌────────┴────────┐
    │  port_b = 0x01  │    RB0は"1"，RB1は"0"となり，メカ・ドッグは前進
    └────────┬────────┘
           ╱ ╲
         ╱RA1は╲             RA1は"0"→マイクロスイッチON，または，
    NO ╱"0"また ╲            RA2は"1"→音スイッチONならば次に行き，そうで
   ←──╲はRA2は   ╱           なければループをまわる
         ╲ "1" ╱
           ╲ ╱ YES
    ┌────────┴────────┐
    │  port_b = 0x03  │    RB0は"1"，RB1は"1"となり，メカ・ドッグは停止
    └────────┬────────┘                                 （ブレーキ）
    ┌────────┴────────┐
    │    0.8sタイマ    │    停止の時間は0.8s
    └────────┬────────┘
    ┌────────┴────────┐
    │  port_b = 0x02  │    RB0は"0"，RB1は"1"となり，メカ・ドッグは後進
    └────────┬────────┘
    ┌────────┴────────┐
    │     3sタイマ     │    後進する時間は3s
    └────────┬────────┘
    ┌────────┴────────┐
    │   PORTBクリア    │    PORTBをクリア
    └────────┬────────┘
             │
             └──────────→ ループへ
```

図2.14　C言語によるメカ・ドッグ制御1のフローチャート

メカ・ドッグの頭に設置した**マイクロスイッチ**がONになり，後進に変わる．3秒間後進すると再び前進する．

前進中にかしわ手を打つと，**コンデンサマイク**による**音スイッチ**がONになり，後進に変わる．いまここでは，赤と緑のLEDは使用していない．

プログラム 2.1　C言語によるメカ・ドッグ制御1

```
#include <16f84a.h>          ファイル16f84a.hを読み込み，デバイス指定をする
#fuses HS,NOWDT,PUT,NOPROTECT  fusesオプションの設定(HSモード，WDTなし，
                              パワーアップタイマを使用，プロテクトなし)
#use delay(clock=10000000)    発振周波数は10MHz
                              コンパイラにPICの動作速度を知らせる
#byte port_a=5                ファイルアドレス5番地はport_aで表す
#byte port_b=6                ファイルアドレス6番地はport_bで表す
main()                        一番はじめに実行したい関数はmainという関数名にする
{
  set_tris_a(0x06);   PORTAのRA1とRA2は入力ビット，その他は出力ビットに設定
  set_tris_b(0);                     PORTBはすべて出力ビットに設定
  port_b=0;                          PORTBクリア (0)．停止
  delay_ms(800);                     停止の時間は0.8s
  while(1)                           ループ
  {
                                           RB0
    port_b=0x01;                     0001(0x01)．メカ・ドッグは前進
    if(input(PIN_A1)==0 || input(PIN_A2)==1)  RA1は"0"，マイクロスイッ
                                              チON，または，RA2は"1"．
                                              音スイッチON
    {
                                            RB1RB0
      port_b=0x03;                   0011(0x03)．停止（ブレーキ）
      delay_ms(800);                 停止の時間は0.8s
                                            RB1RB0
      port_b=0x02;                   0010(0x02)．メカ・ドッグは後進
      delay_ms(3000);                後進の時間は3s
      port_b=0;                      PORTBクリア (0)．停止
    }
  }
}
```

解説

include〈16f84a.h〉

　プリプロセッサは，コンパイル中にこの # include コマンドを見つけると，〈 〉で囲まれているファイル 16f84a.h を**システムディレクトリ**から読み込む．この標準の**インクルードファイル**は，あらかじめ**コンパイラをインストール**したときに用意されていて，指定するだけで標準的なラベルを使うことが可能になる（例 PIN_A2 など）．

fuses HS, NOWDT, PUT, NOPROTECT

　この命令は，プログラムを PIC へ書き込むときに，**fuses オプション**を設定するものである．**アセンブラの擬似命令** __CONFIG に相当する．

オプション		
	HS :	**オシレータモード**は，発振周波数 10MHz を使用するので **HS モード**．
	NOWDT :	**ウォッチドッグタイマ**は使用しない．
	PUT :	**パワーアップタイマ**（電源投入直後の 72ms 間のリセット）を使用する．
	NOPROTECT :	**コードプロテクト**しない．

　この fuses 情報は，**PIC ライタ**で PIC にプログラムを書き込む際に，別途設定することもできる．

use delay (clock = 10000000)

　コンパイラに PIC の動作速度を知らせる．この場合，**発振周波数 clock** は 10MHz である．

byte port_a = 5 ,　# byte port_b = 6

　ファイルレジスタの**ファイルアドレス** 05h は PORTA，06h は PORTB と決まっているので，対応づけて指定する．アドレスの5番地は**変数レジスタ** port_a，アドレスの6番地は変数レジスタ port_b で表す．

main( )

　C 言語は**関数**によって構成される．一番はじめに実行したい関数は，**main** という関数名にする．

set_tris_a(0x06)； ， set_tris_b(0)；

set_tris_a( )，set_tris_b( ) の**組込み関数**は，PIC の任意の I/O ピンをピン単位で入力か出力かに設定できる．各ビットが各ポートのピンと対応する．ビットの値が 0 のとき出力，1 のとき入力になる．

```
set_tris_a(0x06)；→  0    1    1    0   (06h) PORTA の RA1 と
                     ↑    ↑    ↑    ↑          RA2 は入力ビット，
                    RA3  RA2  RA1  RA0         その他は出力ビット
set_tris_b(0)；→  PORTB はすべて出力ビット
```

ノイズの影響による誤動作を防ぐため，未使用の I/O ピンは何も接続せずに，出力設定で L レベル出力にするとよい．

port_b = 0；

変数レジスタ port_b に 0 を代入する．これにより，PORTB の出力モードになっている入出力ピンはすべて "L" になる．

図 2.15 は，**while 文**の書式とフローチャートである．( ) の中の条件は，

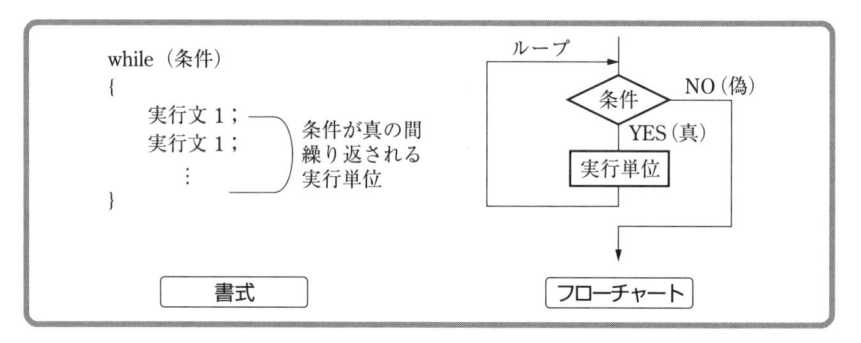

```
while（条件）
{
    実行文 1；  ┐
    実行文 1；  ├ 条件が真の間
      ：       │ 繰り返される
}            ┘ 実行単位
```

図2.15 while文の書式とフローチャート

「真」の場合は "1"，「偽」の場合は "0" なので，「while(1)」とすると，**無限ループ**を形成する．

if (input(PIN_A1) == 0 || input(PIN_A2) == 1)

入出力ピン制御関数 input(pin) は，PIC の任意のピンからそのピンの状態（"H" or "L"）を入力する．ここでは，PORTA の 1 番ピン (RA1)，2 番ピン (RA2) の状態を入力する．

|| は，**論理演算子**の**論理和**（OR）である．

if（条件式）
{
　　　実行文1；　⎤
　　　実行文2；　⎥　条件式が YES（真）のとき，
　　　　　⋮　　⎦　これを実行する．
}

delay_ms(800)；

組込み関数 delay_ms(time) は，ミリ秒単位の**ディレイ**を発生させる．設定できる時間は，**引数**が定数であれば 0 から 65535 までの値である．

delay_ms(800)；→ 800ms = 0.8s のディレイをつくる．

port_b = 0x01；

変数レジスタ port_b に 0x01 を代入する．これにより，PORTB の出力モードになっている 0 番ピン(RB0) は "1"，1 番ピン(RB1) は "0" になる．このため，DC モータは正転し，メカ・ドッグは前進する．

port_b = 0x03；

変数レジスタ port_b に 0x03 を代入する．0 番ピン(RB0) は "1"，1 番ピン(RB1) は "1" になる．このため，DC モータはブレーキがかかり，メカ・ドッグは停止する．

port_b = 0x02；

同様に，0 番ピン(RB0) は "0"，1 番ピン(RB1) は "1" になる．このため，DC モータは逆転し，メカ・ドッグは後進する．

delay_ms(3000)；

3s のディレイをつくる．

2.7 アセンブリ言語によるメカ・ドッグ制御1

```
        ┌─────────┐
        │  START  │
        └────┬────┘
             │
     ┌───────┴───────┐
     │   初期化      │   PORTA（ポートA）のRA1とRA2は入力ビット
     │ 入出力の設定  │   PORTB（ポートB）はすべて出力ビット
     └───────┬───────┘
             │
     ┌───────┴───────┐
     │  PORTBクリア  │   PORTBをクリア（すべて0）．停止
     └───────┬───────┘
             │
     ┌───────┴───────┐
     │  0.8sタイマ   │   0.8sのタイマサブルーチン
     └───────┬───────┘
ラベルLOOP  │
     ┌───────┴───────┐
     │   01H→W       │ ----- 定数01HをWレジスタに転送
     └───────┬───────┘
     ┌───────┴───────┐       Wレジスタの内容（01H）をPORTB
     │  W→PORTB      │ ----- に転送．RB0は"1"，RB1は"0"と
     └───────┬───────┘       なり，メカ・ドッグは前進
         ┌───┴───┐ NO    ラベルRA2
         │ RA1   ├──────┐
         │  0?   │      │
         └───┬───┘   ┌──┴──┐ NO
           YES      │ RA2 ├──────┐(ラベルLOOPへ)
          マイクロ   │  1? │
          スイッチON └──┬──┘
ラベル               YES
KOUSHIN            音スイッチON
     ┌───────┴───────┐
     │   03H→W       │ ----- 定数03HをWレジスタに転送
     └───────┬───────┘
     ┌───────┴───────┐       Wレジスタの内容（03H）をPORTBに転送
     │  W→PORTB      │       RB0は"1"，RB1は"1"となり，メカ・ドッグは停止
     └───────┬───────┘                                （ブレーキ）
     ┌───────┴───────┐
     │  0.8sタイマ   │   0.8sのタイマサブルーチン．停止の時間は0.8s
     └───────┬───────┘
     ┌───────┴───────┐
     │   02H→W       │   定数02HをWレジスタに転送
     └───────┬───────┘
     ┌───────┴───────┐       Wレジスタの内容（02H）をPORTBに転送
     │  W→PORTB      │       RB0は"0"，RB1は"1"となり，メカ・ドッグは後進
     └───────┬───────┘
     ┌───────┴───────┐
     │   3sタイマ    │   3sのタイマサブルーチン．後進する時間は3s
     └───────┬───────┘
     ┌───────┴───────┐
     │  PORTBクリア  │   PORTBをクリア（0）．停止
     └───────────────┘
```

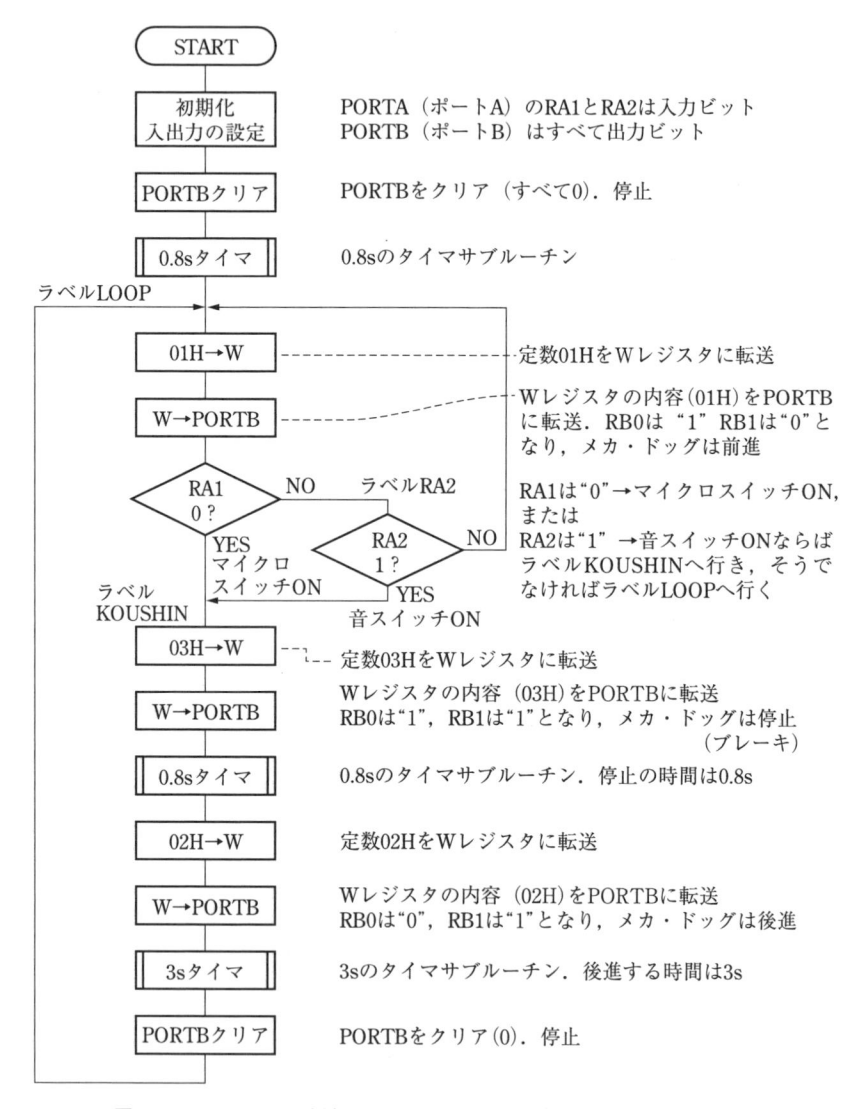

RA1は"0"→マイクロスイッチON，または RA2は"1"→音スイッチONならばラベルKOUSHINへ行き，そうでなければラベルLOOPへ行く

図2.16　アセンブリ言語によるメカ・ドッグ制御1のフローチャート

2.7 アセンブリ言語によるメカ・ドッグ制御1　**33**

　図2.16は，**アセンブリ言語**によるメカ・ドッグ制御1のフローチャートであり，そのプログラムをプログラム2.2に示す．

プログラム2.2　アセンブリ言語によるメカ・ドッグ制御1

```
        LIST     P=PIC16F84A  ; LIST宣言で使用するPICを16F84Aと定義する
        INCLUDE  P16F84A.INC  ; 設定ファイルp16f84a.incを読み込む
        __CONFIG _HS_OSC & _WDT_OFF & _PWRTE_ON & _CP_OFF
                              ; コンフィグレーションビットの設定(HSモード，
                                WDTなし，パワーアップタイマを使用，プロテク
                                トなし)
GPR_1   EQU      0CH          ; ファイルレジスタ0Ch番地をGPR_1と定義
GPR_2   EQU      0DH          ; 以下，同様に定義する
GPR_3   EQU      0EH          ; 0Dh番地はGPR_2，0Eh番地はGPR_3
GPR_4   EQU      010H         ; 010番地はGPR_4
        ORG      0            ; リセットベクタ(0番地)を指定する
MAIN
        BSF      STATUS,RP0   ; ファイルレジスタSTATUSのRP0(ビット5)を
                                セット(1)にする．⇒バンク1
        CLRF     TRISB        ; ファイルレジスタTRISBをクリア(0)⇒PORTB
                                は出力ビット
        MOVLW    06H          ; 06HをWレジスタに転送
        MOVWF    TRISA        ; Wレジスタの内容(06H)をファイルレジスタ
                                TRISAに転送．すると，TRISAは0110となり，
                                RA1とRA2は入力ビットになる
        BCF      STATUS,RP0   ; STATUSのRP0をクリア(0)⇒バンク0
        CLRF     PORTB        ; PORTBをクリア(0)
        CALL     TIMER08      ; 0.8sタイマサブルーチンをコールする
LOOP
        MOVLW    01H          ; 01HをWレジスタに転送
        MOVWF    PORTB        ; Wレジスタの内容(01H)をPORTBに転送
                              ; RB0は"1"，RB1は"0"となり，メカ・ドッグは
                                前進
        BTFSC    PORTA,1      ; PORTAのビット1(RA1)が"0"，マイクロスイッ
                                チONなら，次の命令をスキップする
        GOTO     RA2          ; RA1が"0"でないなら，ラベルRA2へ行く
KOUSHIN
        MOVLW    03H          ; 03HをWレジスタに転送
        MOVWF    PORTB        ; Wレジスタの内容(03H)をPORTBに転送．RB0
                                は"1"，RB1は"1"となり，メカ・ドッグは停止
                                (ブレーキ)
        CALL     TIMER08      ; 0.8sタイマサブルーチンをコールする
        MOVLW    02H          ; 02HをWレジスタに転送
```

```
              MOVWF    PORTB           ; Wレジスタの内容(02H)をPORTBに転送．RB0
                                       ; は"0"，RB1は"1"となり，メカ・ドッグは後進
              CALL     TIMER           ; 3sタイマサブルーチンをコールする．後進する時
                                       ; 間は3s
              CLRF     PORTB           ; PORTBをクリア(0)
              GOTO     LOOP            ; ラベルLOOPへ行く
RA2
              BTFSS    PORTA,2         ; PORTAのビット2(RA2)が"1"，音スイッチON
                                       ; なら，次の命令をスキップする
              GOTO     LOOP            ; RA2が"1"でないなら，ラベルLOOPへ行く
              GOTO     KOUSHIN         ; ラベルKOUSHINへ行く
TIM04                                  ; 0.4msタイマ
              MOVLW    0F9H
              MOVWF    GPR_1
TIMLP1        NOP
              DECFSZ   GPR_1,F
              GOTO     TIMLP1
              RETURN
TIM100                                 ; 100msタイマ
              MOVLW    0F9H
              MOVWF    GPR_2
TIMLP2        CALL     TIM04
              DECFSZ   GPR_2,F
              GOTO     TIMLP2
              RETURN
TIMER08                                ; 0.8sタイマ
              MOVLW    08H
              MOVWF    GPR_3
TIMLP3        CALL     TIM100
              DECFSZ   GPR_3,F
              GOTO     TIMLP3
              RETURN
TIMER                                  ; 3sタイマ
              MOVLW    01EH
              MOVWF    GPR_4
TIMLP4        CALL     TIM100
              DECFSZ   GPR_4,F
              GOTO     TIMLP4
              RETURN

              END                      ; 擬似命令ENDは，プログラムの終了をアセンブラ
                                       ; に指示する
```

2.7 アセンブリ言語によるメカ・ドッグ制御1

● 擬似命令

擬似命令は，アセンブラを制御する命令で，アセンブル時に機械語に変換されることのない擬似的な命令である．

- **LIST**（リスト） ：使用するPICの種類を指定する．
  LIST P = PIC16F84A…LIST宣言で使用するPICを16F84Aと定義する．

- **INCLUDE**（インクルード） ：指定したファイルをソースプログラムに読み込む．
  INCLUDE P16F84A.INC…設定ファイルp16f84a.incを読み込む．

- **＿＿CONFIG**（コンフィグ） ：プログラムをPICに書き込むときに，コンフィグレーションビットを設定し，PICの動作環境を指定する．C言語の#fusesに相当する．
  ＿＿CONFIG _HS_OSC & _WDT_OFF & _PWRTE_ON & _CP_OFF

  - _HS_OSC ：オシレータモードは，発振周波数10MHzの発振回路を使用するのでHSモード．
  - _WDT_OFF ：ウォッチドッグタイマは使用しない．
  - _PWRTE_ON ：パワーアップタイマ（電源投入直後の72ms間のリット）を使用する．
  - _CP_OFF ：コードでプロテクトしない．

  この＿＿CONFIG情報は，PICライタでPICにプログラムを書き込む際に，別途設定することもできる．

- **EQU**（イー・キュー・ユー） ：ラベルを定義する．GPR_1 EQU 0CH…ファイルレジスタ0CHをGPR_1と定義する．

- **ORG**（オリジン） ：プログラムの開始番地（アドレス）を指定する．ORG 0…リセットベクタ（0番地）を指定する．

- **END**（エンド） ：ソースプログラムの終了を示す．

プログラムで使用した命令

BSF（Bit Set f）

BSF　STATUS, RP0
　　　(f)　　　(b)

アドレス	名称	ビット7	ビット6	ビット5	ビット4	ビット3	ビット2	ビット1	ビット0
03 h	STATUS			RP0			Z	DC	C

↑
セット(1)

$1 \rightarrow f\langle b\rangle$　ファイルレジスタのアドレスf番地のビットbをセット(1)にする．ビットb以外のビットは変化しない．

㊢　ファイルレジスタのアドレス03h番地STATUSのビット5-RP0をセット(1)にする．

CLRF（Clear f）

CLRF　TRISB
　　　　(f)

アドレス	名称	ビット7	ビット6	ビット5	ビット4	ビット3	ビット2	ビット1	ビット0
86 h	TRISB	0	0	0	0	0	0	0	0

$00h \rightarrow (f)$　ファイルレジスタのアドレスf番地の内容をクリア(00h)して，Zビットをセットする($1 \rightarrow Z$)．

㊢　ファイルレジスタのアドレス86h番地TRISBの内容をクリア(00000000)する．

MOVLW（Move Literal to W）

MOVLW　06H
　　　　　(k)

06H(00000110) → Wレジスタ

$k \rightarrow (W)$　8ビットの定数kをWレジスタに転送する．

㊢　8ビットの定数06HをWレジスタに転送する．

2.7 アセンブリ言語によるメカ・ドッグ制御1

MOVWF（Move W to f）

MOVWF　TRISA
　　　　　　(f)

W レジスタの内容　→　アドレス　　ファイルレジスタ
　　　　　　　　　　　　85h　　　　　TRISA

(W)→(f)　W レジスタの内容をファイルレジスタのアドレス f 番地に転送する．

例　W レジスタの内容をファイルレジスタのアドレス 85h 番地 TRISA に転送する．

BCF（Bit Clear f）

BCF　STATUS, RP0
　　　　　(f)　　　(b)

アドレス	名称	ビット7	ビット6	ビット5	ビット4	ビット3	ビット2	ビット1	ビット0
03 h	STATUS			RP0			Z	DC	C

　　　　　　　　　　　　　↑
　　　　　　　　　　　　クリア(0)

0→f⟨b⟩　ファイルレジスタのアドレス f 番地のビット b をクリア(0)する．ビット b 以外のビットは変化しない．

例　ファイルレジスタのアドレス 03h 番地 STATUS のビット 5-RP0 をクリア(0)する．

CALL（Call Subroutine）

CALL　TIMER08
　　　　　　ラベル

ラベルで示されるプログラムメモリアドレスに，サブルーチンをコールする．

例　ラベル TIMER08 のプログラムアドレスに，サブルーチンをコールする．

BTFSC (Bit Test f, Skip if Clear)

BTFSC PORTA, 1
　　　　　(f)　　(b)

図 2.17 は，BTFSC を説明するフローチャートである．
ファイルレジスタのアドレス f 番地のビット b が 0 かどうか判断する．ビット b = 0 の場合は，次の命令を破棄して，代わりに NOP を実行する．次の命令をスキップすることになる．ビット b = 0 でないなら，すなわち，ビット b = 1 の場合は，次の命令を実行する．

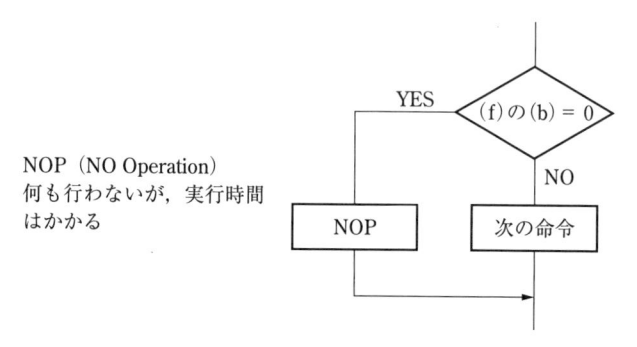

NOP（NO Operation）
何も行わないが，実行時間はかかる

図 2.17　BTFSC のフローチャート

> 例　ファイルレジスタのアドレス 05h 番地 PORTA のビット 1 が 0 かどうか判断する．ビット 1 = 0 の場合は，次の命令をスキップ（NOP 命令を実行）する．ビット 1 = 1 の場合は，次の命令を実行する．

GOTO (Unconditional Branch)

GOTO RA2
　　　　ラベル

ラベルで示されるプログラムメモリアドレスに無条件分岐する．

> 例　ラベル RA2 のプログラムアドレスに飛ぶ．

BTFSS (Bit Test f, Skip if Set)

BTFSS PORTA, 2
　　　　　(f)　　(b)

図 2.18 は，BTFSS を説明するフローチャートである．

ファイルレジスタのアドレス f 番地のビット b が 1 かどうか判断する．ビット b＝1 の場合は，次の命令を破棄して，代わりに NOP 命令を実行する．

ビット b＝1 でないなら，すなわち，ビット b＝0 の場合は，次の命令を実行する．

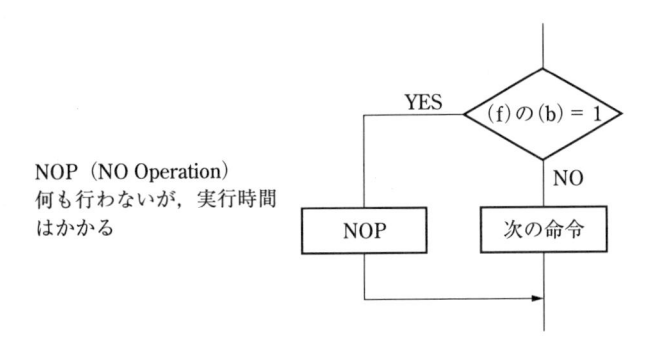

NOP（NO Operation）
何も行わないが，実行時間はかかる

図 2.18　BTFSS のフローチャート

㋹　ファイルレジスタのアドレス 05h 番地 PORTA のビット 2 が 1 かどうか判断する．ビット 2＝1 の場合は，次の命令をスキップ（NOP 命令を実行）する．ビット 2＝0 の場合は，次の命令を実行する．

DECFSZ（Decrement f, Skip if 0）

DECFSZ　GPR_1, F
　　　　　　(f)　(d)
　　　　　　└─ここでは，ファイルレジスタのアドレスは 0Ch 番地

図 2.19 は，DECFSZ を説明するフローチャートである．

ファイルレジスタのアドレス f 番地の内容をデクリメント（－1）する．図(a)において d＝0 (W) のとき，(f)－1 の値を W レジスタに書き込む．デクリメント（－1）が繰り返され，(f)－1 の結果が 0 になったら，次の命令を破棄し，代わりに，NOP 命令を実行する（次の命令をスキップする）．

ファイルレジスタのアドレス f 番地の内容をデクリメント（－1）する．図(b)において d＝1 (F) のとき，(f)の値は(f)－1 となる．デクリメント（－1）が繰り返され，(f)－1 の結果が 0 になったら，次の命令を破棄し，代わり

に，NOP 命令を実行する（次の命令をスキップする）．

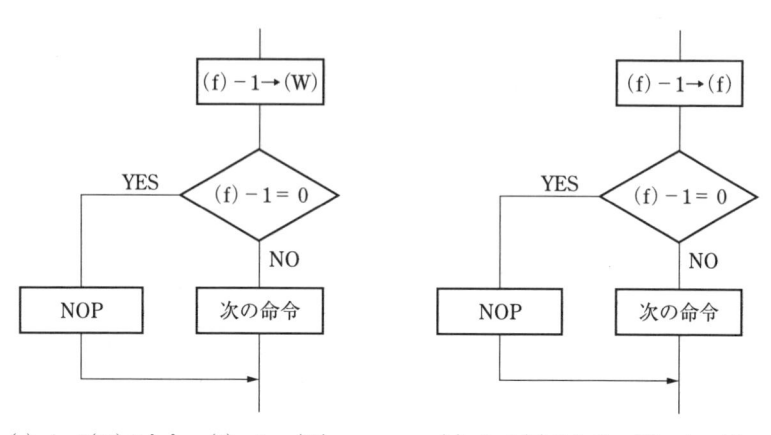

```
        (f)-1→(W)                         (f)-1→(f)
           │                                 │
      YES ┌┴┐                           YES ┌┴┐
    ┌─────┤(f)-1=0├                   ┌─────┤(f)-1=0├
    │     └┬┘                         │     └┬┘
    │      │ NO                       │      │ NO
  ┌─┴─┐  ┌─┴────┐                   ┌─┴─┐  ┌─┴────┐
  │NOP│  │次の命令│                   │NOP│  │次の命令│
  └─┬─┘  └─┬────┘                   └─┬─┘  └─┬────┘
    │      │                          │      │
    └──────┴───→                      └──────┴───→

  (a) d=0(W)のとき，(f)-1→(W)        (b) d=1(F)のとき，(f)-1→(f)
```

図 2.19　DECFSZ のフローチャート

RETURN（Return from Subroutine）

RETURN

CALL 命令でサブルーチンへ行き，RETURN 命令でサブルーチンより復帰する．

● タイマサブルーチンのタイマ時間の計算

(1) 0.4ms タイマ

図 2.20 は，0.4ms タイマのフローチャートと，各命令のサイクル数を示す．全サイクル数は，次のようになる．

```
       MOVLW      0F9H で①
       MOVWF      GPR_1 で①
                  (0Ch)
```

2.7 アセンブリ言語によるメカ・ドッグ制御1　**41**

```
TIM 04
         MOVLW   0F9H        ①
         MOVWF   GPR_1       ①
TIMLP 1  NOP                 ①
         DECFSZ  GPR_1, F    スキップなし①
                             スキップあり②
         GOTO    TIMLP1      ②
         RETURN              ②
```

0.4 msタイマ
ラベル TIM 04
① 0F9H → W
① W → (GPR_1)
ラベル TIMLP 1
① NOP
(GPR_1) − 1 → (GPR_1)
スキップなし①
NO GOTO ②　結果 = 0
YES
② RETURN

15 × 16 + 9 = 249
定数 0F9H(249)をWレジスタに転送する
Wレジスタの内容(0F9H)をファイルレジスタGPR_1(0 Ch番地)に転送する
NO Operation
何も行わないが，実行時間はかかる
ファイルレジスタGPR_1(0 Ch番地)の内容をデクリメント(−1)する
スキップあり②
(①，②は各命令のサイクル数)

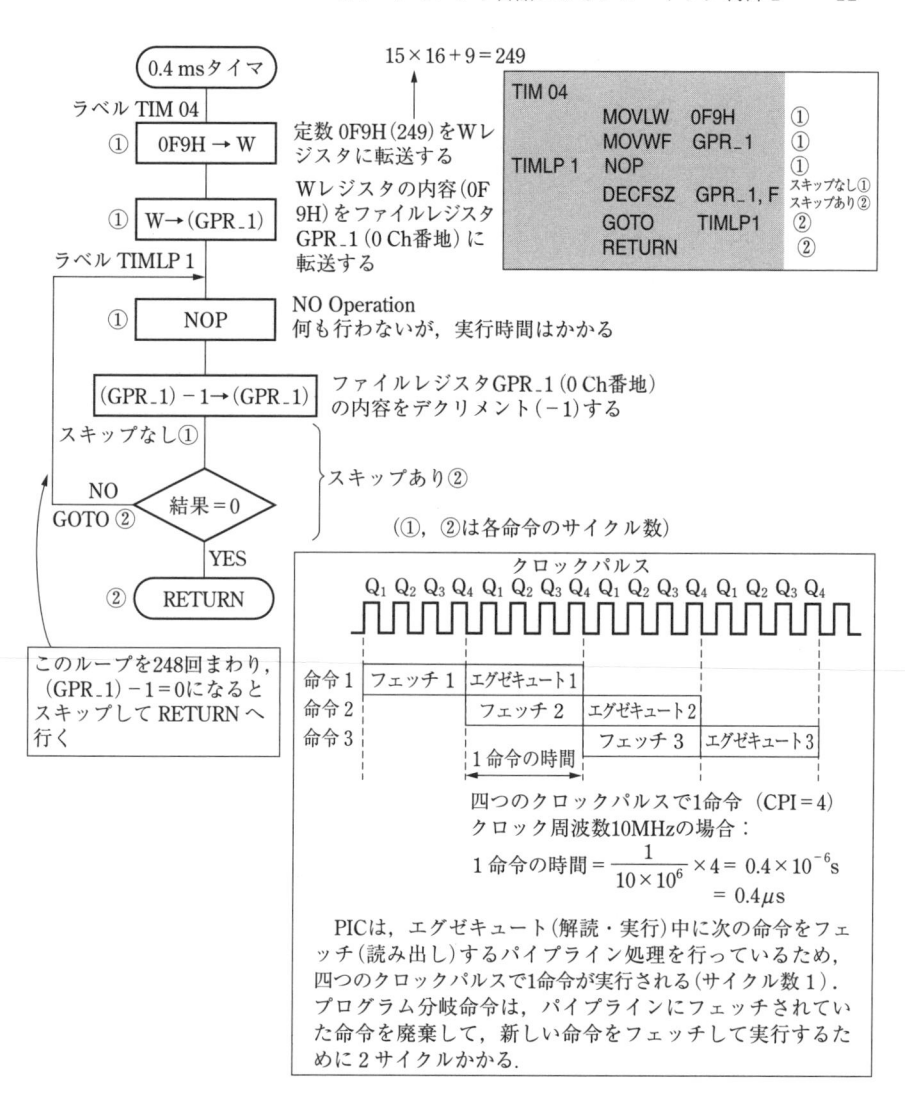

このループを248回まわり，(GPR_1) − 1 = 0になるとスキップしてRETURNへ行く

クロックパルス
Q1 Q2 Q3 Q4 Q1 Q2 Q3 Q4 Q1 Q2 Q3 Q4 Q1 Q2 Q3 Q4

命令1　フェッチ1　エグゼキュート1
命令2　　　　　　　フェッチ2　エグゼキュート2
命令3　　　　　　　　　　　　　フェッチ3　エグゼキュート3
　　　　　　　　1命令の時間

四つのクロックパルスで1命令 (CPI = 4)
クロック周波数10MHzの場合：

$$1命令の時間 = \frac{1}{10 \times 10^6} \times 4 = 0.4 \times 10^{-6} \text{s} = 0.4 \mu\text{s}$$

PICは，エグゼキュート(解読・実行)中に次の命令をフェッチ(読み出し)するパイプライン処理を行っているため，四つのクロックパルスで1命令が実行される(サイクル数1)．プログラム分岐命令は，パイプラインにフェッチされていた命令を廃棄して，新しい命令をフェッチして実行するために2サイクルかかる．

図2.20　0.4 msタイマのフローチャートと各命令のサイクル数

ラベル TIMLP1 と GOTO TIMLP1 のループで，

 ④ × 248 = 992

 NOP の①
 DECFSZ GPR_1, F で①　合計④
 GOTO　　TIMLP1 の②

(GPR_1) − 1 = 0 になると，ループをぬけて RETURN へ行く．
(0Ch)

ここで，最後の NOP の①とスキップありの DECFSZ GPR_1, F の②で
① + ② = ③

RETURN で②

 全サイクル数 = 1 + 1 + 992 + 3 + 2 = 999

 タイマの時間 = 999 × 0.4 μs = 0.4ms

 └─1 命令の時間（図 2.20 参照）

(2) 100ms タイマ

図 2.21 は，100ms タイマのフローチャートと，各命令のサイクル数を示す．全サイクル数は，次のようになる．

 MOVLW　　　0F9H で①
 MOVWF　　　GPR_2 で①
 　　　　　　(0Dh)

ラベル TIMLP2 と GOTO TIMLP2 のループで (2 + 999 + 1 + 2) × 248 = 248992　(GPR_2) − 1 = 0 になると，ループをぬけて RETURN へ行く．
(0Dh)
ここで，最後の② + 999 + スキップありの DECFSZ GPR_2, F の②で 1003
(0Dh)
RETURN で②

 全サイクル数 = 1 + 1 + 248992 + 1003 + 2 = 249999

 タイマの時間 = 249999 × 0.4 μs = 100ms

2.7 アセンブリ言語によるメカ・ドッグ制御1

フローチャート

```
              ┌─────────────┐
              │ 100 ms タイマ │
              └─────────────┘
  ラベル TIM100
     ① ┌──────────────┐  定数0F9H(249)をWレジスタに転送する
        │ 0F9H → W     │
        └──────────────┘
     ① ┌──────────────┐  Wレジスタの内容(0F9H)をファイルレジスタGPR_2(0Dh番地)
        │ W→(GPR_2)    │  に転送する
        └──────────────┘
  ラベル TIMLP2
        ┌──────────────┐  0.4 ms タイマをコールする．CALLで②，0.4 msタイマのサイ
        │ 0.4 msタイマ  │  クル数は999
        └──────────────┘  ②+999
        ┌──────────────────┐  ファイルレジスタGPR_2(0Dh番地)の内容をデクリメント
        │(GPR_2)-1→(GPR_2) │  (-1)する
        └──────────────────┘
     スキップなし①
         NO    ╱結果=0╲   スキップあり②
       GOTO②  ╲      ╱
                 YES
              ┌─────────┐
              │ RETURN  │ ②   (①，②は各命令のサイクル数)
              └─────────┘
```

このループを248回まわり，(GPR_2)-1=0になるとスキップしてRETURNへ行く

```
TIM 100
          MOVLW    0F9H           ①
          MOVWF    GPR_2          ①
TIMLP 2   CALL     TIM04          ②+999
          DECFSZ   GPR_2, F       スキップなし①
                                  スキップあり②
          GOTO     TIMLP2         ②
          RETURN                  ②
```

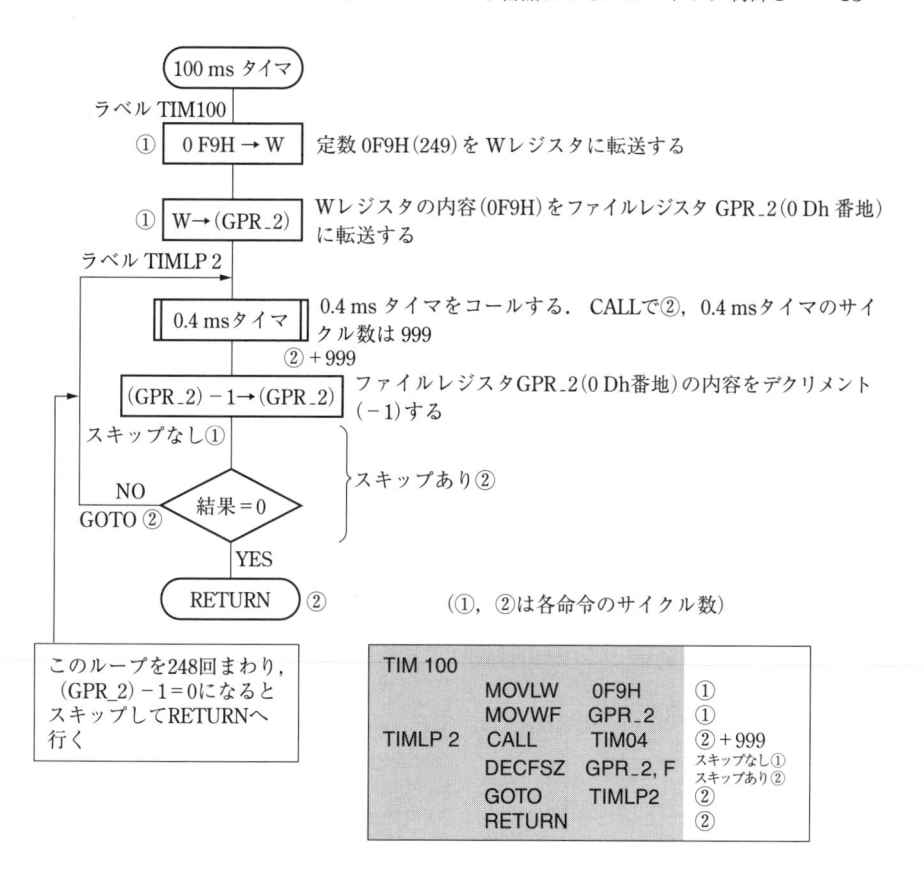

図 2.21　100 ms タイマのフローチャートと各命令のサイクル数

(3) 0.8s タイマ

図 2.22 は，0.8s タイマのフローチャートと，各命令のサイクル数を示す．
全サイクル数は，次のようになる．

　　MOVLW　　　　08H で①
　　MOVWF　　　　GPR_3 で①
　　　　　　　　(0 Eh)

ラベル TIMLP3 と GOTO TIMLP3 のループで $(2 + 249999 + 1 + 2) \times 7 =$
$\underline{1750028}$　(GPR_3)-1=0になると，ループをぬけてRETURNへ行く．
　　　　　(0 Eh)

```
                   ┌──────────────┐
                   │ 0.8s タイマ   │
                   └──────┬───────┘
ラベル TIMER08           │
         ①  ┌─ 0 8H → W ─┐     定数 08H(8) を W レジスタに転送する
            │             │
         ①  ┌─ W→(GPR_3)─┐    W レジスタの内容(0 8H) をファイルレジスタ GPR_3(0 Eh 番地)
            │             │    に転送する
ラベル TIMLP 3           │
    ┌──────┤             │
    │      │ 100 ms タイマ │   100 ms タイマをコールする。CALL で②、100 ms タイマの
    │      │             │    サイクル数は 249999
    │      │             │       ② + 249999
    │      │(GPR_3)−1→(GPR_3)│ ファイルレジスタ GPR_3(0 Eh 番地) の内容をデクリメント
    │      │             │    (−1) する
    │ スキップなし①
    │     NO    ╱結果=0╲     スキップあり②
    │  GOTO ②  ╲      ╱
    │            YES
    │          ┌──────┐
    │          │RETURN│ ②     (①、② は各命令のサイクル数)
    │          └──────┘
```

このループを 7 回まわり、
(GPR_3)−1=0 になると
スキップして RETURN へ
行く

```
TIMER08
         MOVLW    08H         ①
         MOVWF    GPR_3       ①
TIMLP 3  CALL     TIM100      ② + 249999
         DECFSZ   GPR_3, F    スキップなし①
                              スキップあり②
         GOTO     TIMLP3      ②
         RETURN               ②
```

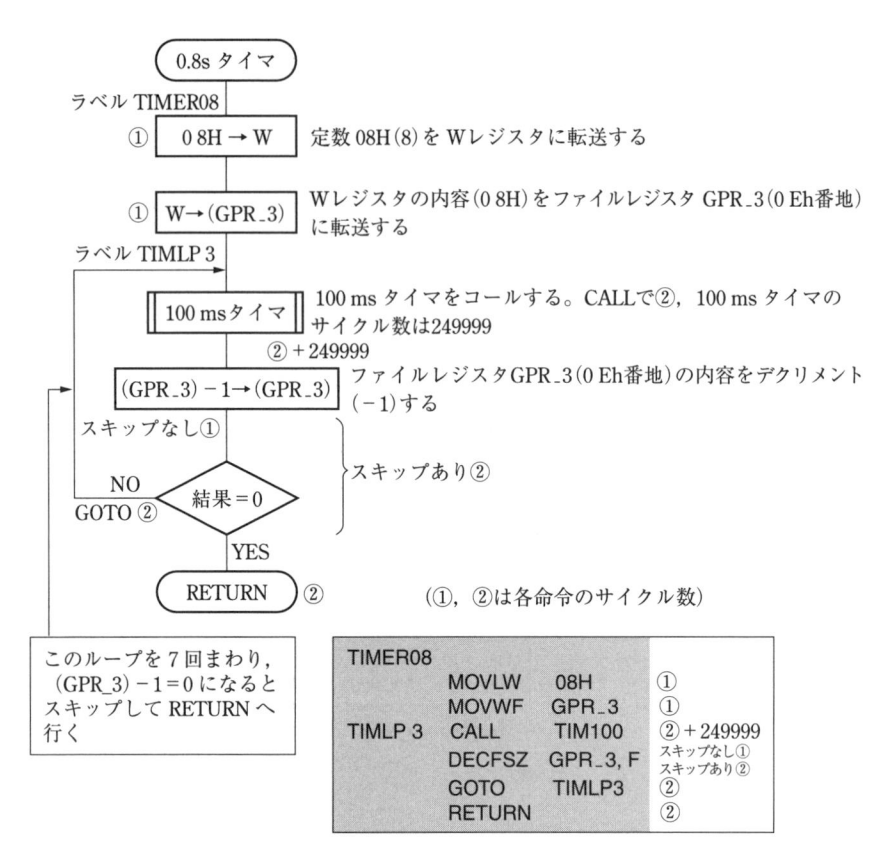

図 2.22 0.8s タイマのフローチャートと各命令のサイクル数

ここで、最後の ② + 249999 + スキップありの DECFSZ GPR_3, F の ② で
250003　RETURN で ②

　　全サイクル数 = 1 + 1 + 1750028 + 250003 + 2 = 2000035

　　タイマの時間 = 2000035 × 0.4 μs = 0.800s

(4) 3s タイマ

図 2.23 は、3s タイマのフローチャートと、各命令のサイクル数を示す.

全サイクル数は、次のようになる.

　　MOVLW　　　01EH　で ①

　　MOVWF　　　GPR_4　で ①
　　　　　　　(010h)

2.7 アセンブリ言語によるメカ・ドッグ制御1

```
         ┌─────────────┐
         │   3s タイマ   │
         └─────────────┘
ラベル TIMER
    ┌───────────────┐
① │  01EH → W     │  定数 01EH(30) を W レジスタに転送する
    └───────────────┘
    ┌───────────────┐
① │  W → (GPR_4)  │  W レジスタの内容(01EH)をファイルレジスタ GPR_4(010h番地)
    └───────────────┘   に転送する
ラベル TIMLP 4
    ┌───────────────┐
    │  100 ms タイマ │  100 ms タイマをコールする。CALLで②，100 ms タイマの
    └───────────────┘   サイクル数は249999
                          ② + 249999
    ┌─────────────────────┐
    │ (GPR_4) - 1 → (GPR_4)│  ファイルレジスタ GPR_4(010h番地)の内容をデクリメント
    └─────────────────────┘  (-1)する
スキップなし①                  }スキップあり②
    NO    ◇ 結果 = 0
   GOTO ②
          YES
    ┌────────┐
    │ RETURN │ ②      (①，②は各命令のサイクル数)
    └────────┘
```

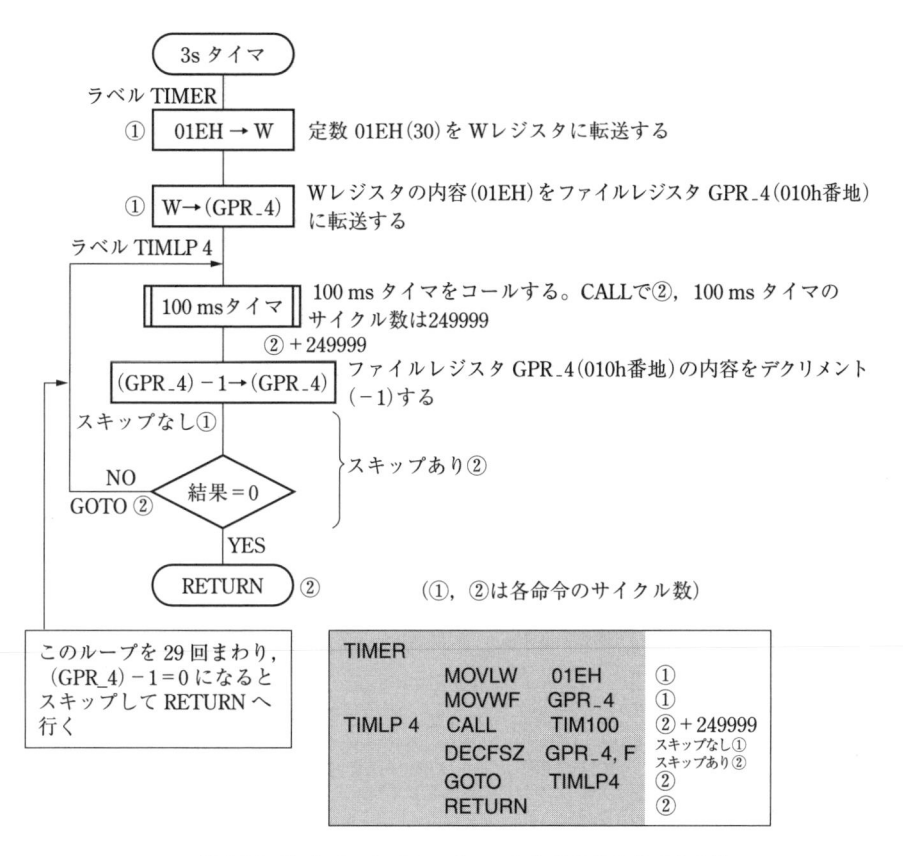

このループを 29 回まわり，(GPR_4) - 1 = 0 になるとスキップして RETURN へ行く

```
TIMER
        MOVLW   01EH        ①
        MOVWF   GPR_4       ①
TIMLP 4 CALL    TIM100      ② + 249999
        DECFSZ  GPR_4, F    スキップなし①
                            スキップあり②
        GOTO    TIMLP4      ②
        RETURN              ②
```

図 2.23 3s タイマのフローチャートと各命令のサイクル数

ラベル TIMLP4 と GOTO TIMLP4 のループで $(2 + 249999 + 1 + 2) \times 29 =$ 7250116　(GPR_4) - 1 = 0 になると，ループをぬけて RETURN へ行く．
　　　　　(010h)
ここで，最後の② + 249999 + スキップありの DECFSZ GPR_4, F の②で
250003　RETURN で②

　　全サイクル数 = 1 + 1 + 7250116 + 250003 + 2 = 7500123
　　タイマの時間 = 7500123 × 0.4 μs = 3.00s

2.8　C言語によるメカ・ドッグ制御2

```
START
  │
  ▼
┌─────────┐
│ 初期化   │   PORTA（ポートA）のRA1とRA2は入力ビット
│ 入出力の設定│ PORTB（ポートB）はすべて出力ビット
└─────────┘
  │
  ▼
┌─────────┐
│PORTBクリア│　PORTBをクリア（0）．停止
└─────────┘
  │
  ▼
┌─────────┐
│0.8sタイマ │
└─────────┘
```

ループ1

```
  ▼
┌─────────┐
│ c = 10   │   cに10を代入
└─────────┘
```

ループ2

```
  ▼
┌─────────┐
│port_b=0x09│  RB3 RB2 RB1 RB0
└─────────┘     1   0   0   1 （0x09）PORTBのRB0とRB3は"1"
  │                         前進（モータ正転）
  ▼                      緑のLED消灯
┌─────────┐           赤のLED点灯
│30msタイマ │
└─────────┘
  │
  ▼
◇RA1は"0"      NO     RA1は"0"→マイクロスイッチON，または，
 またはRA2は"1"─────→ RA2は"1"→音スイッチONならば次に行き，
  │YES                そうでなければc=c-1へ行く
  ▼
┌─────────┐
│  後進    │ 関数koushin    関数koushinを呼び出す
└─────────┘
  │
  ▼
┌─────────┐
│ c = c - 1 │  c-1の結果をcに代入
└─────────┘
  │                 c==0ならループ2を抜け出し，
  ▼                 次へ行く．c==0でないならルー
◇ c == 0  NO        プ2をまわる．ループ2を10回ま
  │YES              わり，カウンタの働きをしている
```

ループ3

```
  ▼
┌─────────┐
│ c = 10   │
└─────────┘
  │
  ▼
┌─────────┐
│port_b=0x01│ LEDすべて消灯
└─────────┘    0 0 0 1
  │             前進
  ▼           （モータ正転）
┌─────────┐
│30msタイマ │
└─────────┘
  │
  ▼
◇RA1は"0"     NO
 またはRA2は"1"─────
  │YES
  ▼
┌─────────┐
│  後進    │ 関数koushin
└─────────┘
  │
  ▼
┌─────────┐
│ c = c - 1 │
└─────────┘
  │
  ▼
◇ c == 0  NO
  │YES
```

関数koushin

```
┌─────────┐
│  int d   │   dというint型
└─────────┘   変数の定義
  │          モータは
  ▼          ブレーキ
┌─────────┐
│port_b=0x03│
└─────────┘
  │
  ▼
┌─────────┐
│0.5sタイマ │
└─────────┘
  │
  ▼
┌─────────┐
│  d = 5   │ 赤のLED消灯
└─────────┘
```

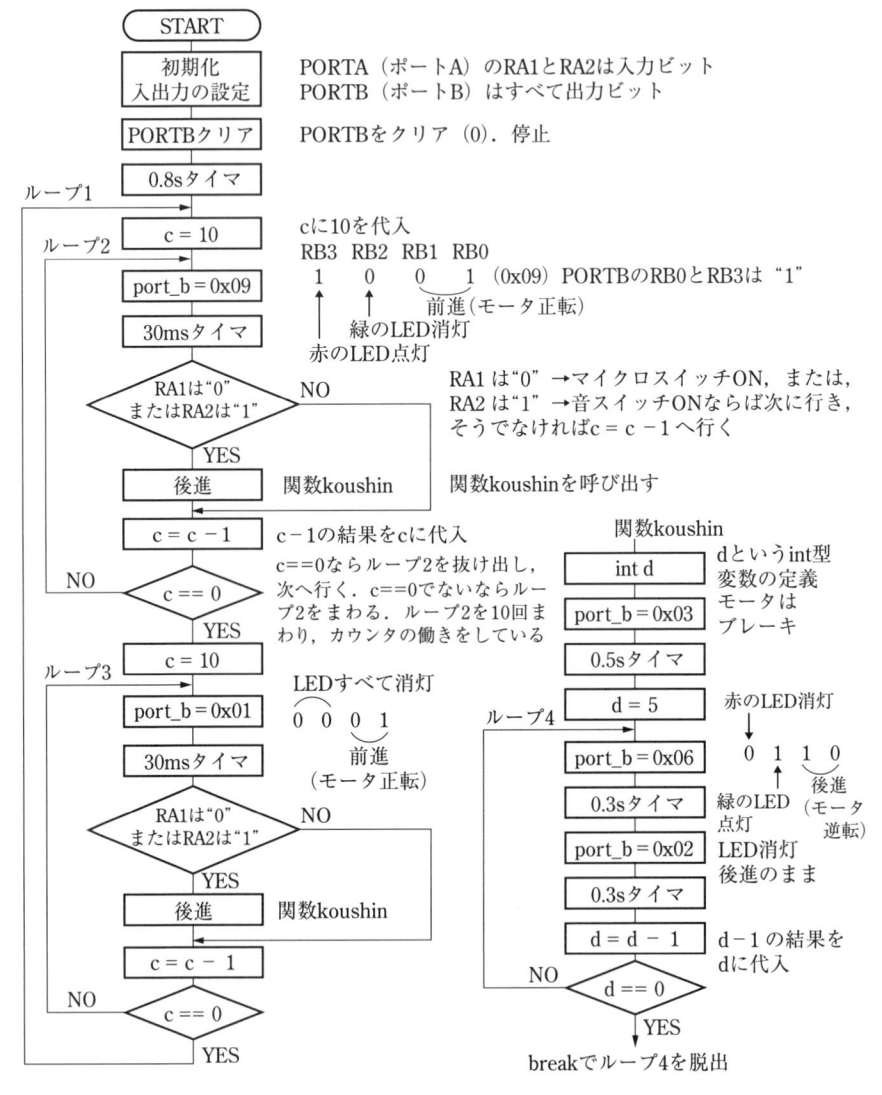

ループ4

```
  ▼
┌─────────┐
│port_b=0x06│  0 1 1 0
└─────────┘         後進
  │         緑のLED （モータ
  ▼         点灯    逆転）
┌─────────┐
│0.3sタイマ │
└─────────┘
  │
  ▼
┌─────────┐
│port_b=0x02│ LED消灯
└─────────┘ 後進のまま
  │
  ▼
┌─────────┐
│0.3sタイマ │
└─────────┘
  │
  ▼
┌─────────┐
│ d = d - 1 │ d-1の結果を
└─────────┘ dに代入
  │
  ▼
◇ d == 0  NO
  │YES
  ▼
breakでループ4を脱出
```

図2.24　C言語によるメカ・ドッグ制御2のフローチャート

図 2.24 は，C 言語によるメカ・ドッグ制御 2 のフローチャートであり，その
プログラムをプログラム 2.3 に示す．メカ・ドッグ制御 1 と動作は同じである
が，前進中は赤の LED，後進中は緑の LED が点滅する．

プログラム 2.3 C 言語によるメカ・ドッグ制御 2

```
#include <16f84a.h>
#fuses HS,NOWDT,PUT,NOPROTECT
#use delay(clock=10000000)
#byte port_a=5
#byte port_b=6
void koushin();          ……………… 関数 koushin は戻り値なしというプロトタイプ宣言
main()                   ……………………………………………………………… main 関数
{
  int c;                 ……………………………………… c という int 型変数の定義
  set_tris_a(0x06);
  set_tris_b(0);
  port_b=0;              ……………………………… 電源スイッチ ON で 0.8s 間停止
  delay_ms(800);
  while(1)               ……………………………………………………… ループ 1
  {
    c=10;                ………………………………………………… c に 10 を代入
    while(1)             ……………………………………………………… ループ 2
    {
      port_b=0x09;       ………………… 赤の LED 点灯，緑の LED 消灯，前進
      delay_ms(30);      …………………………………………… 30ms タイマ
      if(input(PIN_A1)==0 || input(PIN_A2)==1)‥マイクロスイッチ ON，または
        koushin();   … 関数 koushin を呼び出す      音スイッチ ON ならば次へ行く
      c=10;              ………………………………………… c-1 の結果を c に代入
      if(c==0)           ……………………… c==0 ならループ 2 を抜け出し，次へ行く
        break;                             c==0 でないならループ 2 をまわる．ループ 2 を
    }                                      10 回まわり，カウンタの働きをしている
    c=10;
    while(1)             ……………………………………………………… ループ 3
    {
      port_b=0x01;       ………………………………… LED はすべて消灯，前進
      delay_ms(30);
      if(input(PIN_A1)==0 || input(PIN_A2)==1)
        koushin();       ……………………………………… 関数 koushin を呼び出す
      c=c-1;
      if(c==0)           ……………………… c==0 なら break 文でループ 3 を脱出
        break;
    }
```

```
    }
}
void koushin()                                              関数 koushin の本体
{
    int d;                                           d という int 型変数の定義
    port_b=0x03;                                             停止（ブレーキ）
    delay_ms(500);                                                0.5s タイマ
    d=5;                                                          d に 5 を代入
    while(1)                                                          ループ 4
    {
        port_b=0x06;                     赤の LED 消灯，緑の LED 点灯，後進
        delay_ms(300);                                            0.3s タイマ
        port_b=0x02;                                         LED 消灯，後進
        delay_ms(300);                                            0.3s タイマ
        d=d-1;                                         d-1 の結果を d に代入
        if(d==0)                            d==0 なら break 文でループ 4 を脱出
            break;
    }
}
```

●解説

void koushin( );

C言語の関数には，値を返すもの（いわゆるファンクション）と値を返さないもの（いわゆるサブルーチン）がある．

メインルーチンに先立って，koushin と名付けた関数は戻り値なしというプロトタイプ宣言をしている．**プロトタイプ宣言**とは，関数の型だけを定義したもので，main 関数より前の宣言部に置かれる．ここでは，koushin という関数を使う．そして，この関数は値を返さないということを表明している．それには特別の名前 **void** を使う．

int c;

c という名前の int 型変数の定義をする．CCS－C コンパイラの int は，8 ビット符号なし数値である．16 ビット符号なし数値の場合は，**long** または **int16** を使う．

> `c = 10 ;`

変数 c に 10 を代入する．

> `koushin( ) ;`

関数 koushin を呼び出す．

> `c = c − 1 ;`

c の値から 1 を引き，その結果を c に代入する．

> `if (c == 0)`

c が 0 になったら，次の **break** 文によって無限ループを脱出する．

> `void koushin( )`

}

戻り値なしの関数 koushin の本体

}

2.9 アセンブリ言語によるメカ・ドッグ制御2

図 2.25 は，アセンブリ言語によるメカ・ドッグ制御 2 のフローチャートであり，そのプログラムをプログラム 2.4 に示す．

50 2 メカ・ドッグの制御

```
          START
            │
      初期化
    入出力の設定        PORTA（ポートA）のRA1とRA2は入力ビット
            │          PORTB（ポートB）はすべて出力ビット
      PORTBクリア      PORTBをクリア（すべて0）
            │
ラベル  0.8sタイマ       0.8sのタイマサブルーチン
LOOP1       │
       0AH→W           0AHをWレジスタに転送
            │
ラベル  W→(GPR_6)      Wレジスタの内容(0AH)をファイルレジスタ
LOOP2       │           GPR_6(012h番地)に転送
       09H→W           09HをWレジスタに転送
            │           Wレジスタの内容(09H)をPORTBに転送
      W→PORTB         RB3 RB2 RB1 RB0
            │           1   0   0   1
      30msタイマ        赤のLED点灯 ┃緑のLED消灯  前進（モータ正転）
            │
       RA1=0? ─NO→ ラベルA0  RA1は"0"→マイクロスイッチON
       YES          RA2=1? ─NO→                  サブルーチン
       後進          YES    RA2は"0"              KOUSHIN
       ラベルA1            →音センサON               │
       (GPR_6)-1→(GPR_6)   音センサON             03H→W       モータは
            │            サブルーチン              │          ブレーキ
       結果=0 ─NO→     KOUSHINを呼び出す        W→PORTB      （停止）
       YES              ファイルレジスタGPR_6の内容       │
       0AH→W           をデクリメント(-1)する     0.5sタイマ
            │            DECFSZ GPR_6,F 結果         │
ラベル  W→(GPR_6)      が0なら，次の命令をス       05H→W       GPR_7に05H
LOOP3       │           キップし，0AH→Wに         │           を転送
       01H→W           行く．0でないならラベ    W→(GPR_7)
            │           ルLOOP2へ行く               │
      W→PORTB          Wレジスタの内容(0AH)       06H→W       赤のLED消灯
            │           をGPR_6に転送               │          0 1 1 0
       30msタイマ       01HをWレジスタに転送    W→PORTB      緑のLED 後進
            │           Wレジスタの内容(01H)        │         点灯  （モータ
       RA1=0? ─NO→ ラベルA2  をPORTBに転送      0.3sタイマ             逆転）
       YES           RA2=1? ─NO→                  │
       後進          YES                         02H→W         0 0 1 0
       ラベルA1                                    │
       (GPR_6)-1→(GPR_6)                       W→PORTB      LED   後進の
            │                                     │          消灯    まま
       結果=0 ─NO→                              0.3sタイマ
       YES                                          │
                                             (GPR_7)-1→(GPR_7)
                                                     │
                                             結果=0 ─NO→    GPR_7の内容を
                                             YES             デクリメント
                                            RETURN            (-1)
```

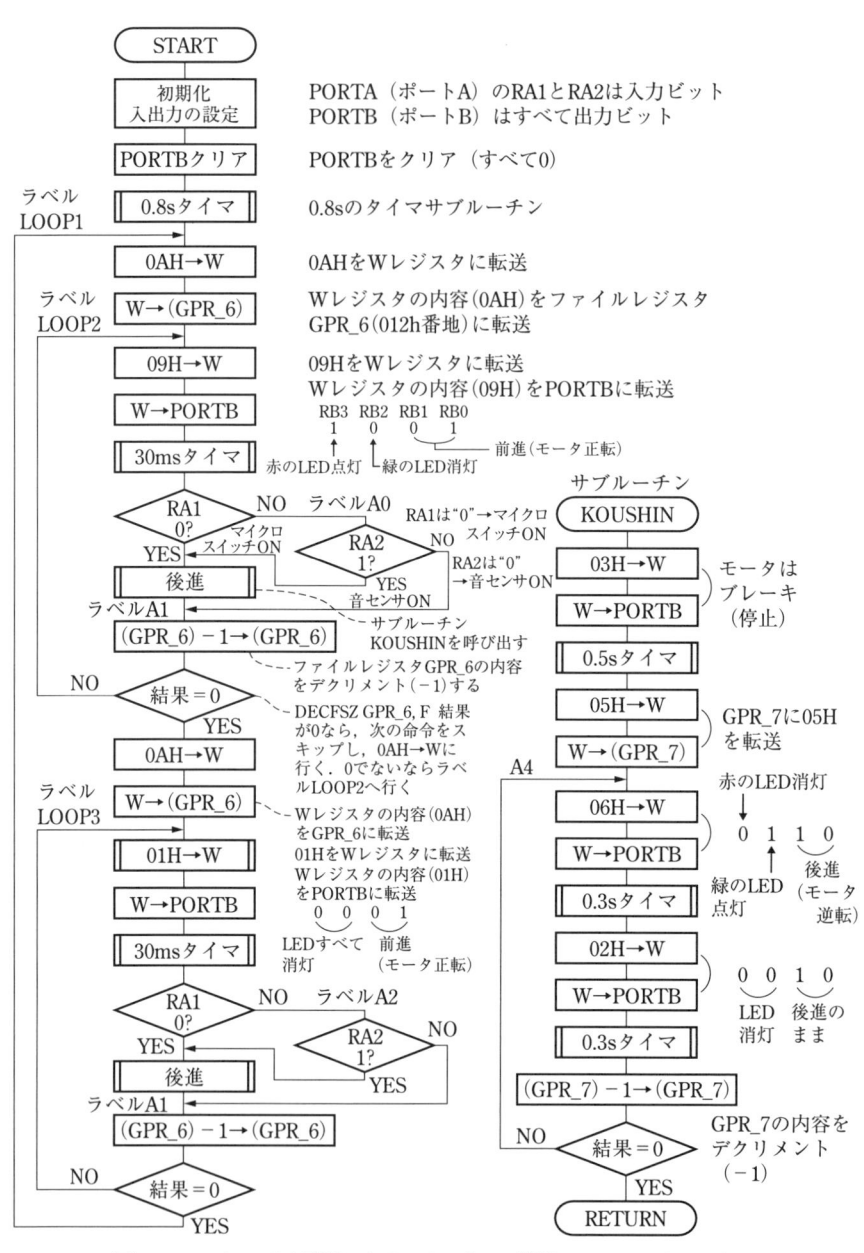

図 2.25 アセンブリ言語によるメカ・ドッグ制御2のフローチャート

プログラム 2.4 アセンブリ言語によるメカ・ドッグ制御 2

```
        LIST    P=PIC16F84A   ; LIST 宣言で使用する PIC を 16F84A と定義する
        INCLUDE P16F84A.INC   ; 設定ファイル p16f84a.inc を読み込む
        __CONFIG _HS_OSC & _WDT_OFF & _PWRTE_ON & _CP_OFF
                              ; コンフィグレーションビットの設定（HS モー
                                ド，WDT なし，パワーアップタイマを使用，プロ
                                テクトなし）
GPR_1   EQU     0CH           ; ファイルレジスタ 0Ch 番地を GPR_1 と定義
GPR_2   EQU     0DH           ; 以下，同様に定義する
GPR_3   EQU     0EH
GPR_4   EQU     010H
GPR_5   EQU     011H
GPR_6   EQU     012H
GPR_7   EQU     013H
        ORG     0             ; リセットベクタ（0 番地）を指定する
MAIN
        BSF     STATUS,RP0    ; ファイルレジスタ STATUS の RP0（ビット 5）
                                をセット（1）にする．⇒バンク 1
        CLRF    TRISB         ; ファイルレジスタ TRISB をクリア（0）⇒
                                PORTB は出力ビット
        MOVLW   06H           ; 06H を W レジスタに転送
        MOVWF   TRISA         ; W レジスタの内容（06H）をファイルレジスタ
                                TRISA に転送．すると，TRISA は 0110 となり，
                                RA2 と RA1 は入力ビットになる
        BCF     STATUS, RP0   ; STATUS の RP0 をクリア（0）⇒バンク 0
        CLRF    PORTB         ; PORTB をクリア（0）
        CALL    TIMER03       ; 0.3s タイマサブルーチンをコールする
        CALL    TIMER05       ; 0.5s タイマサブルーチンをコールする
LOOP1
        MOVLW   0AH           ; 0AH を W レジスタに転送
        MOVWF   GPR_6         ; W レジスタの内容（0AH）をファイルレジスタ
                                GPR_6（012h 番地）に転送
LOOP2
        MOVLW   09H           ; 09H を W レジスタに転送
        MOVWF   PORTB         ; W レジスタの内容（09H）を PORTB に転送
                                RB3 は "1"，RB2 は "0"，RB1 は "0"，RB0
                                は "1" となり，赤の LED 点灯，緑の LED 消
                                灯，メカ・ドッグは前進
        CALL    TIM30         ; 30ms タイマサブルーチンをコールする
        BTFSC   PORTA,1       ; PORTA のビット 1（RA1）が "0"，マイクロス
                                イッチ ON なら，次の命令をスキップする
        GOTO    A0            ; RA1 が "0" でないなら，ラベル A0 へ行く
        CALL    KOUSHIN       ; サブルーチン KOUSHIN をコールする
        GOTO    A1            ; ラベル A1 へ行く
```

```
A0
        BTFSS   PORTA,2     ; PORTA のビット 2（RA2）が "1"，音スイッチ
                              ON なら次の命令をスキップする
        GOTO    A1          ; RA2 は "0"（音スイッチ OFF）なら，ラベル A1
                              へ行く
        CALL    KOUSHIN     ; サブルーチン KOUSHIN をコールする
A1
        DECFSZ  GPR_6,F     ; GPR_6 の内容をデクリメント（-1）する
        GOTO    LOOP2       ; 結果が 0 でないなら，ラベル LOOP2 へ行く
        MOVLW   0AH         ; 結果が 0 なら，0AH を W レジスタに転送
        MOVWF   GPR_6       ; W レジスタの内容（0AH）を GPR_6 に転送
LOOP3
        MOVLW   01H         ; 01H を W レジスタに転送
        MOVWF   PORTB       ; W レジスタの内容（01H）を PORTB に転送
                              LED はすべて消灯，メカ・ドッグは前進
        CALL    TIM30       ; 30ms タイマサブルーチンをコールする
        BTFSC   PORTA,1     ; PORTA のビット 1（RA1）が "0" なら，次の命
                              令をスキップする
        GOTO    A2          ; RA1 が "0" でないなら，ラベル A2 へ行く
        CALL    KOUSHIN     ; RA1 が "0" なら，サブルーチン KOUSHIN をコ
                              ールする
        GOTO    A3          ; ラベル A3 へ行く
A2
        BTFSC   PORTA,1     ; PORTA のビット 1（RA1）が "0"，マイクロス
                              イッチ ON なら，次の命令をスキップする
        GOTO    A3          ; RA1 が "0" でないなら，ラベル A3 へ行く
        CALL    KOUSHIN     ; サブルーチン KOUSHIN をコールする
A3
        DECFSZ  GPR_6,F     ; GPR_6 の内容をデクリメント（-1）する
        GOTO    LOOP3       ; 結果が 0 でないなら，ラベル LOOP3 へ行く
        GOTO    LOOP1       ; 結果が 0 なら，ラベル LOOP1 へ行く
KOUSHIN
        MOVLW   03H         ; 03H を W レジスタに転送
        MOVWF   PORTB       ; W レジスタの内容（03H）を PORTB に転送
                              メカ・ドッグは停止（ブレーキ）
        CALL    TIMER05     ; 0.5s タイマサブルーチンをコールする
        MOVLW   05H         ; 05H を W レジスタに転送
        MOVWF   GPR_7       ; W レジスタの内容（05H）を GPR_7 に転送
A4
        MOVLW   06H         ; 06H を W レジスタに転送
        MOVWF   PORTB       ; W レジスタの内容（06H）を PORTB に転送．赤
                              の LED 消灯，緑の LED 点灯，メカ・ドッグは後
                              進
        CALL    TIMER03     ; 0.3s タイマサブルーチンをコールする
        MOVLW   02H         ; 02H を W レジスタに転送
```

2.9 アセンブリ言語によるメカ・ドッグ制御2

```
        MOVWF   PORTB           ; W レジスタの内容（02H）を PORTB に転送．
                                  LED は消灯．メカ・ドッグは後進
        CALL    TIMER03         ; 0.3s タイマサブルーチンをコールする
        DECFSZ  GPR_7,F         ; GPR_7 の内容をデクリメント（-1）する
        GOTO    A4              ; 結果が 0 でないなら，ラベル A4 へ行く
        RETURN                  ; 結果が 0 なら，サブルーチンより復帰する
TIM04                           ; 0.4ms タイマ
        MOVLW   0F9H
        MOVWF   GPR_1
TIMLP1  NOP
        DECFSZ  GPR_1,F
        GOTO    TIMLP1
        RETURN
TIM30                           ; 30ms タイマ
        MOVLW   04BH
        MOVWF   GPR_2
TIMLP2  CALL    TIM04
        DECFSZ  GPR_2,F
        GOTO    TIMLP2
        RETURN
TIM100                          ; 100ms タイマ
        MOVLW   0F9H
        MOVWF   GPR_3
TIMLP3  CALL    TIM04
        DECFSZ  GPR_3,F
        GOTO    TIMLP3
        RETURN
TIMER03                         ; 0.3s タイマ
        MOVLW   03H
        MOVWF   GPR_4
TIMLP4  CALL    TIM100
        DECFSZ  GPR_4,F
        GOTO    TIMLP4
        RETURN
TIMER05                         ; 0.5s タイマ
        MOVLW   05H
        MOVWF   GPR_5
TIMLP5  CALL    TIM100
        DECFSZ  GPR_5,F
        GOTO    TIMLP5
        RETURN

        END                     ; プログラムの終了をアセンブラに指示する
```

3 メカ・ダチョウの制御

本章のメカ・ダチョウは，タミヤのメカ・ダチョウを改造し，PIC16F84Aや磁気センサ・圧電ブザーなどを搭載した2足歩行の改造メカ・ダチョウである．

メカ・ダチョウは背が高く，歩行のバランスを保つため，2つの電池ボックスの位置はギヤボックスを挟んで上下に設置している．

磁気センサであるホールICとリードスイッチを使用し，永久磁石を磁気センサに近づけることによって，メカ・ダチョウは前進・後進・停止をする．

本書の改造ロボットの中で，メカ・ダチョウは制御回路基板の部品数が少ないため，比較的作りやすい．

3.1 メカ・ダチョウ制御回路

図3.1は，タミヤの**メカ・ダチョウ**にPIC16F84Aを搭載した改造メカ・ダチョウである．電源スイッチONで，メカ・ダチョウの顔に設置した2つのLEDが交互に点滅する．2つで1組の**ホールIC**に磁石のN極を近づけると，メカ・ダチョウはLEDを交互に点滅させながら前進する．

図 3.1　メカ・ダチョウ

次に，ホールICに磁石のS極を近づけてみる．するとメカ・ダチョウは，**圧電ブザー**をON-OFFさせながら後進する．LEDの点滅は消える．

前進中，後進中ともに，**リードスイッチ**に磁石を近づけると，4秒間のスリープ（停止）状態になり，その後，再びスリープ前の動作を続ける．

メカ・ダチョウの機構は，図3.1に示すように，モータの回転をギヤ比203.7：1の低速設定で減速し，クランクを使って足に伝える．クランクを軸に，左右の長い足をゆったり動かして2足歩行をする．

図3.2に，メカ・ダチョウの制御回路を示す．メカ・ダチョウ制御回路は，

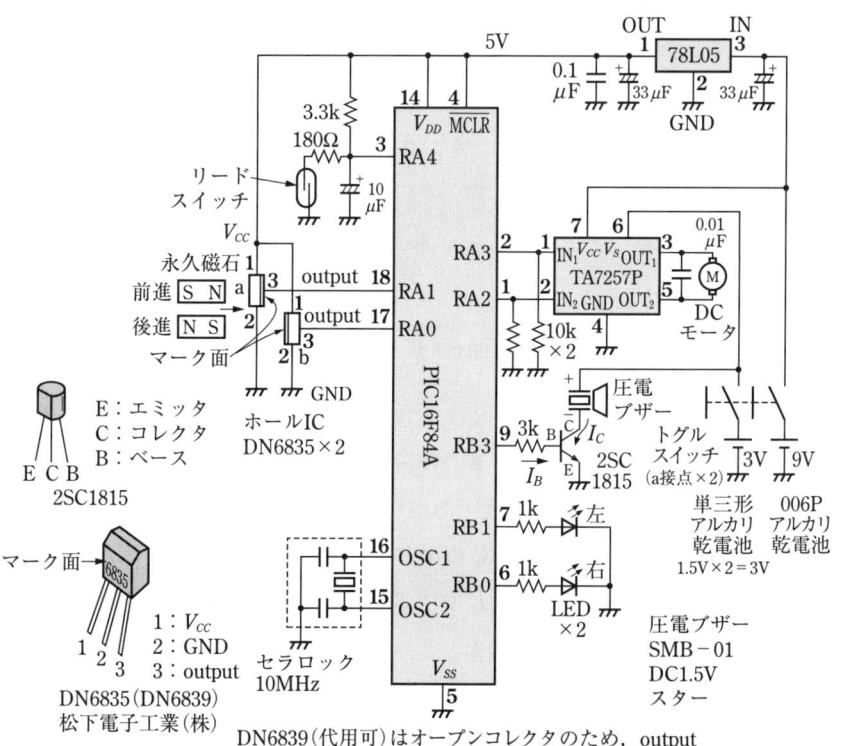

図3.2 メカ・ダチョウ制御回路

電源回路・ホールIC回路・リードスイッチ回路・圧電ブザー回路・LED回路およびDCモータ回路などから構成されている．

ここで，ホールIC回路・リードスイッチ回路・圧電ブザー回路について見てみよう．

● **ホールIC回路** ─────────────

ホールICは，**ホール素子**と**オペアンプ**，およびこれに続く回路が一体化した半導体回路である．図3.3に示すように，リニア出力型とスイッチング出力型がある．

（a）リニア出力型　　　　　　　（b）スイッチング出力型

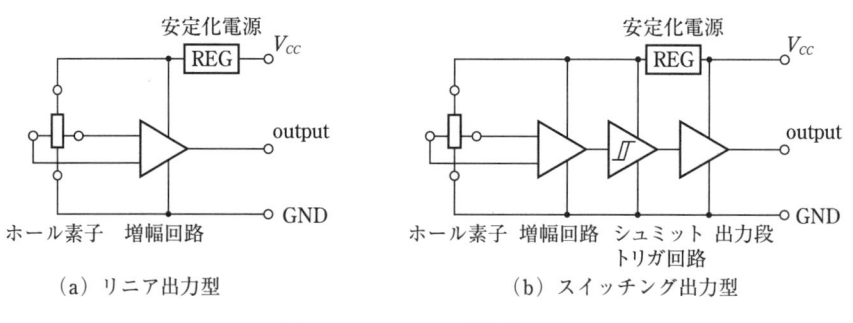

図3.3　ホールICの出力型

ホールICは，半導体回路がシリコンでできているので，普通，ホール素子もシリコンで作られる．このため，動作周囲温度は，GaAsホール素子の$-55 \sim +125$℃に対し，$-40 \sim +100$℃程度である．

図3.4は，a，b2つのホールICの出力をPIC16F84AのRA1，RA0ピンに接続したホールIC回路である．図に示すように，a，b2つのホールICは，互いにマーク面を逆にして近づけてある．

ホールIC **DN6835**は，ホール素子と増幅回路を組み合わせた**リニア出力型**であり，次のような特徴と特性をもっている．

① 電源電圧は5Vで，最大でも6Vまでである．
② 図3.5(a)に示すように，マーク面の裏から永久磁石のN極に近づける

3.1 メカ・ダチョウ制御回路 **57**

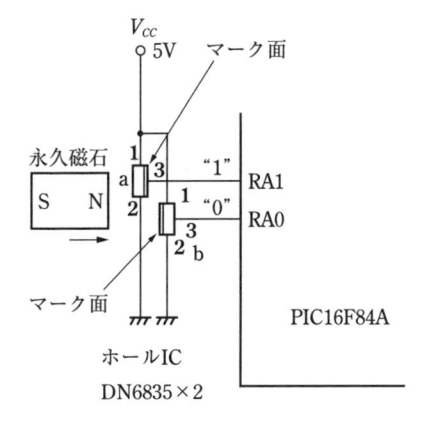

図 3.4 ホールIC 回路

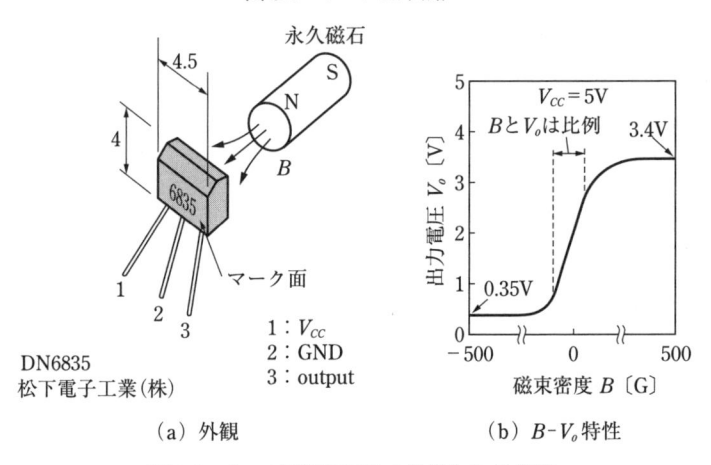

(a) 外観 (b) B-V_o 特性

図 3.5 ホールIC DN6835 の外観と B-V_o 特性

と，図 3.5(b)に示すように，出力電圧 V_O は最大で約 3.4V になる．

③ 永久磁石を遠ざけて，**磁束密度** $B=0$ にすると，V_O は約 2V 程度になる．この V_O の値は，かなりばらつきがある．

④ マーク面の裏から，今度は永久磁石のS極を近づけると，図(b)のように，V_O は約 0.35V に低下する．

⑤ 図(b)からわかるように，ある磁束密度 B の範囲では，B と V_O は比例する．

⑥ 特性に不ぞろいがあるので，図3.4の回路を組む前に，$B = 0$ で $V_O =$ 2V 前後，あるいは 2V 以上あるものを選ぶとよい．

ここで，図3.4のホールIC回路の動作を実測値によって，メカ・ダチョウの動きとともに見てみよう．

■ 回路の動作
① 永久磁石のN極を，a，b2つのホールICに近づける．
② すると，ホールIC a，bの出力電圧 V_O は次のようになる．
    a：$V_O ≒ 3.4V$ ……"1" ……RA1
    b：$V_O ≒ 0.35V$ ……"0" ……RA0
③ プログラムに従い，DCモータは正転し，メカ・ダチョウは前進する．
④ 永久磁石を遠ざけて $B = 0$ にすると，ホールIC a，bの出力電圧 V_O は次のようになる．
    a：$V_O ≒ 2.2V$ ……"1" ……RA1
    b：$V_O ≒ 2.0V$ ……"1" ……RA0
⑤ プログラムに従い，メカ・ダチョウは前の動作，この場合は前進を続ける．
⑥ 次に，永久磁石のS極をホールICに近づける．
⑦ すると，ホールIC a，bの出力電圧 V_O は次のようになる．
    a：$V_O ≒ 0.35V$ ……"0" ……RA1
    b：$V_O ≒ 3.4V$ ……"1" ……RA0
⑧ プログラムに従い，DCモータは逆転し，メカ・ダチョウは後進する．
⑨ 再び，永久磁石を遠ざけて $B = 0$ にする．前の動作，この場合は後進を続ける．

● リードスイッチ回路

　リードスイッチは，**磁性体**で構成された1対の**リード片**が不活性ガス入りのガラス管の中に密閉され，磁石を接点部に近づけたり遠ざけたりすることによって，ON-OFFできる機械的スイッチである．

3.1 メカ・ダチョウ制御回路

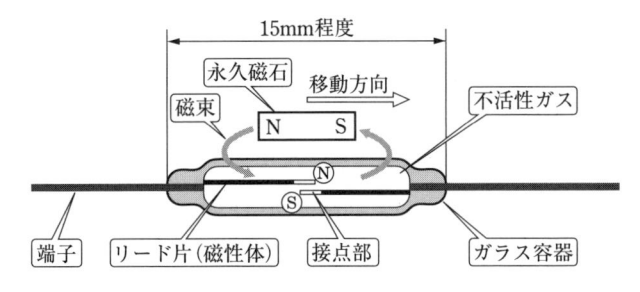

図3.6 リードスイッチの構造

図3.6に，**ノーマルオープン型**のリードスイッチの構造例を示す．図のように，リードスイッチに永久磁石を近づけてみる．すると，永久磁石からの磁束がリード片を通り，**磁気誘導現象**によって，上側の接点にはN極，下側の接点にはS極が誘導される．よって，磁石の性質からN極とS極は吸引し，接点は閉じる．

永久磁石が遠ざかると，誘導された磁極は消失するので，リード片は板ばねの働きにより，接点を開く．

図3.7は，リードスイッチ回路とPIC16F84AのRA4ピンとの接続である．図において，抵抗とコンデンサは**積分回路**を構成している．

リードスイッチを磁石によってON-OFFさせると，短時間(0～20ms程度)，接点の接触状態が不安定になり，接点がついたり離れたりする．このばたつきのことを**チャタリング**といい，**チャタリング除去回路**が必要になる．

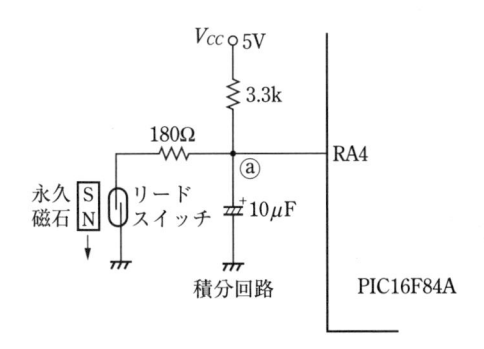

図3.7 リードスイッチ回路

図 3.7 において，積分回路を構成するコンデンサがなければ，磁石によって入力のリードスイッチが ON-OFF した場合，ⓐ点の波形は，図 3.8(a) のチャタリングを含んだ波形になる．しかし，積分回路によってチャタリングは平滑化され，ⓐ点の波形は，図 3.8(b) の積分波形になる．

図 3.7 のリードスイッチ回路は，回路を簡単にするため，チャタリング除去回路として積分回路しかもたないが，積分回路のあとに**シュミットトリガ回路**を入れると，きれいな方形波が形成される．

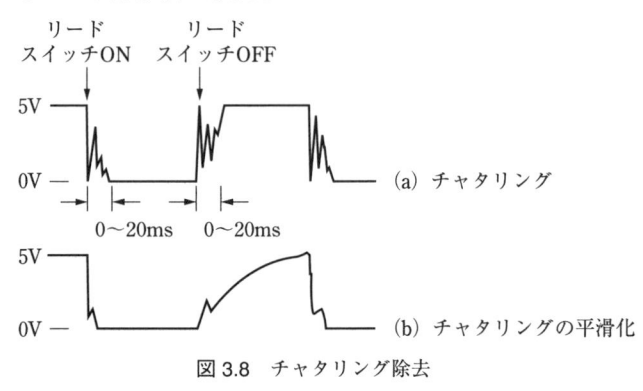

図 3.8 チャタリング除去

● 圧電ブザー回路

圧電ブザーは，発振回路を内蔵した DC1.5V 以上で作動するものを使用する．図 3.2 に示すように，**トランジスタ駆動**にし，ポート B の RB3 が "H" になると，3kΩ の抵抗を通じて**トランジスタにベース電流** I_B が流れる．すると，**電流増幅**された**コレクタ電流** I_C が，3V 電源から圧電ブザー，コレクタに流れる．実測によると，約 17mA のコレクタ電流が圧電ブザーに流れる．なお，SMB-01 の音色はブー音である．

3.2　基板の製作

図 3.9 は，メカ・ダチョウ制御回路基板である．

3.2 基板の製作

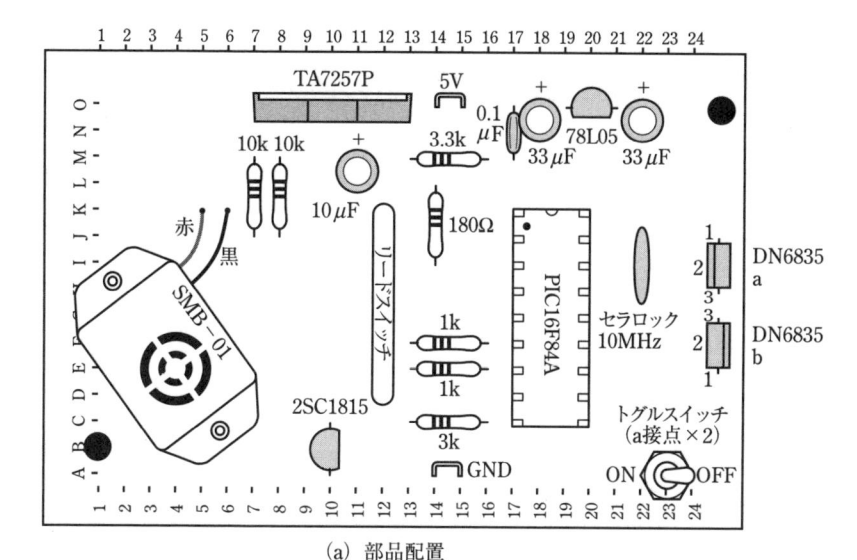

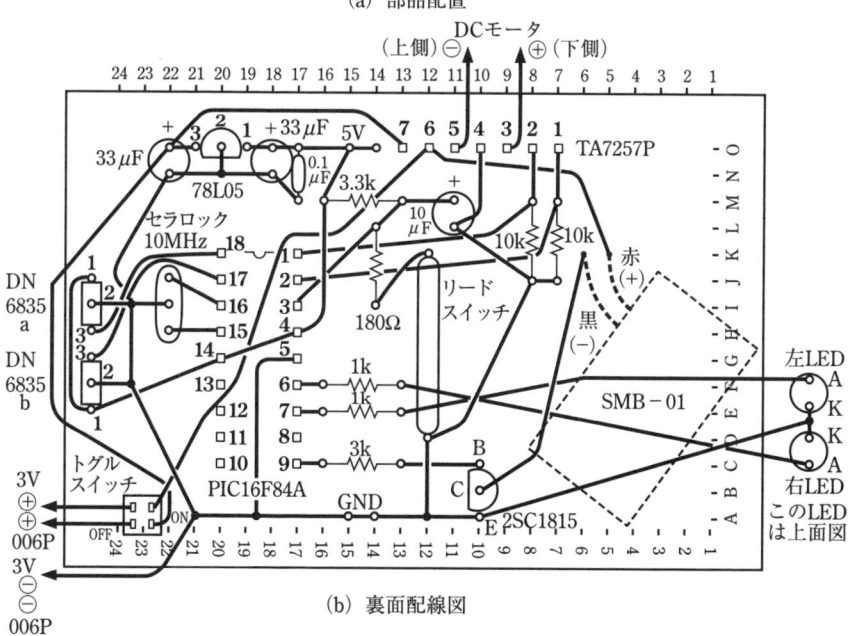

(a) 部品配置

(b) 裏面配線図

図 3.9 メカ・ダチョウ制御回路基板

3.3 穴あけ加工と部品の固定

図 3.10 に，メカ・ダチョウの穴あけ加工と部品の固定を示す．

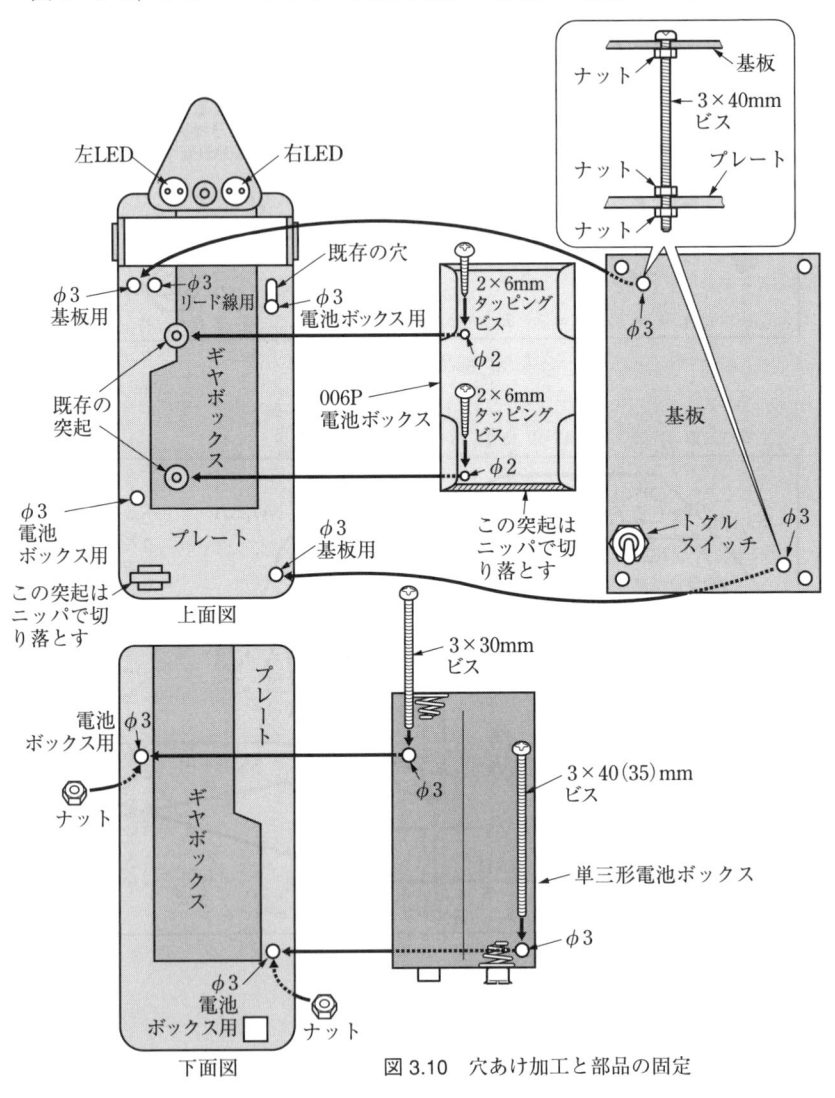

図 3.10 穴あけ加工と部品の固定

3.4 メカ・ダチョウの部品

表3.1は，メカ・ダチョウの部品である．

表3.1 メカ・ダチョウの部品

部　品	型　番	規格等		個数	メーカ	備　考
PIC	PIC16F84A			1	マイクロチップテクノロジー	
IC ソケット		18P		1		PIC 用
5V 低損失レギュレータ	2930L05	5V 出力		1		78L05 代用可
DC モータドライブ IC	TA7257P			1	東芝	
ホール IC	DN6835			2	松下電子工業	DN6839 代用可
トランジスタ	2SC1815			1	東芝	同等品代用可
リードスイッチ		15 mm長		1		
セラロック	CSTLS-G	10MHz　3本足		1	村田製作所	
LED		φ5　赤		2		
圧電ブザー	SMB-01	DC1.5V		1	スター	同等品代用可
抵抗		3k	1/4w	1		
		10k		2		
		3.3k		1		
		1k		2		
		180Ω		1		
電解コンデンサ		33 μF	16V	2		
		10 μF		1		
積層セラミックコンデンサ		0.1 μF	50V	1		
セラミックコンデンサ		0.01 μF	50V	1		
トグルスイッチ	MS-600	6P		1	ミヤマ	MS242, 245 代用可
ユニバーサル基板	ICB-88			1	サンハヤト	
単三形乾電池		単三形アルカリ		2		単三形ニッケル水素電池代用可
単三形電池ボックス		2本形		1		
アルカリ乾電池	006P（9V）			1		
006P 電池ボックス				1		
電池プラグケーブル				2		電池スナップ
ビス・ナット		3×40 mm		各3		
		3×30 mm		各1		
ナット		3 mm		4		
タッピングビス		2×6 mm		2		付属品
メカ・ダチョウ本体				1	タミヤ	
その他		リード線，すずめっき線など				

3.5 C言語によるメカ・ダチョウ制御

図3.11は，C言語によるメカ・ダチョウ制御のフローチャートであり，そのプログラムをプログラム3.1に示す．

プログラム3.1 C言語によるメカ・ダチョウ制御

```
#include <16f84a.h>
#fuses HS,NOWDT,PUT,NOPROTECT
#use delay(clock=10000000)
#use fast_io(a)                           PORTAをfast_ioモードにする
#use fast_io(b)                           PORTBをfast_ioモードにする
main()                                              main関数
{
  set_tris_a(0x13);    1 0 0 1 1 (0x13)，PORTAのRA4，RA1，RA0は入力
                      RA4 RA3 RA2 RA1 RA0  ビット，RA3，RA2は出力ビットに設定
  set_tris_b(0);                          PORTBはすべて出力ビットに設定
  output_b(0);                            PORTBをクリア (0)
  while(1)                                              ループ1
  {
    output_b(0x02);                       左LED点灯，右LED消灯
    delay_ms(300);                        0.3sタイマ
    output_b(0x01);                       左LED消灯，右LED点灯
    delay_ms(300);                        0.3sタイマ
    if(input(PIN_A1)==1 && input(PIN_A0)==0)  ホールICに磁石のN極を近
      break;                              づける．RA1は"1"かつ
                                          RA0は"0"なら，break文
                                          でループ1を脱出
    else if(input(PIN_A1)==0 && input(PIN_A0)==1)  ホールICに磁石のS極
      break;                              を近づける．RA1は"0"
  }                                       かつRA0は"1"なら，
                                          break文でループ1を
                                          脱出

  while(1)                                              ループ2
  {
    if(input(PIN_A1)==1 && input(PIN_A0)==0)  ループ1の脱出後，RA1
    {                                     は"1"かつRA0は"0"
      while(1)                                          ループ3
      {
        output_a(0x08);         RA3は"1"，RA2は"0"．メカ・ダチョウは前進
```

```
        output_b(0x02);  ……  RB1は"1", RB0は"0". 左LED点灯, 右LED消灯
        delay_ms(300);   ……………………………………………………  0.3sタイマ
        output_b(0x01);  ……  RB1は"0", RB0は"1". 左LED消灯, 右LED点灯
        delay_ms(300);   ……………………………………………………  0.3sタイマ
        if(input(PIN_A1)==0 && input(PIN_A0)==1)  ……ホールICにS極を近づ
                                                    ける RA1は"0"かつ
                                                    RA0は"1"
          break;   ……………………………………………………………… ループ3を脱出
        else if(input(PIN_A4)==0)  …………… RA4は"0". リードスイッチON
        {
          output_a(0);  …… PORTAをクリア(0). メカ・ドッグは停止(スリープ)
          delay_ms(4000); ……………………………………………………… 4sタイマ
        }
      }
    }
    else if(input(PIN_A1)==0 && input(PIN_A0)==1)  ……ループ1の脱出後,
                                                     RA1は"0"かつRA0
    {                                                は"1"
      while(1)  ………………………………………………………………………… ループ4
      {
        output_a(0x04);  …………… RA3は"0", RA2は"1". メカ・ダチョウは後進
        output_b(0x08);  …  RB3は"1", RB1とRB0は"0". 圧電ブザーON, LED消灯
        delay_ms(500);   ……………………………………………………… 0.5sタイマ
        output_b(0);     ………… RB3, RB1, RB0は"0". 圧電ブザーOFF, LED消灯
        delay_ms(500);   ……………………………………………………… 0.5sタイマ
        if(input(PIN_A1)==1 && input(PIN_A0)==0)  ……ホールICにN極を近づ
                                                    ける. RA1は"1"かつ
                                                    RA0は"0"
          break;   ……………………………………………………………… ループ4を脱出
        else if(input(PIN_A4)==0)  …………… RA4は"0". リードスイッチON
        {
          output_a(0);  …… PORTAをクリア(0). メカ・ドッグは停止(スリープ)
          delay_ms(4000); ……………………………………………………… 4sタイマ
        }
      }
    }
  }
}
```

3 メカ・ダチョウの制御

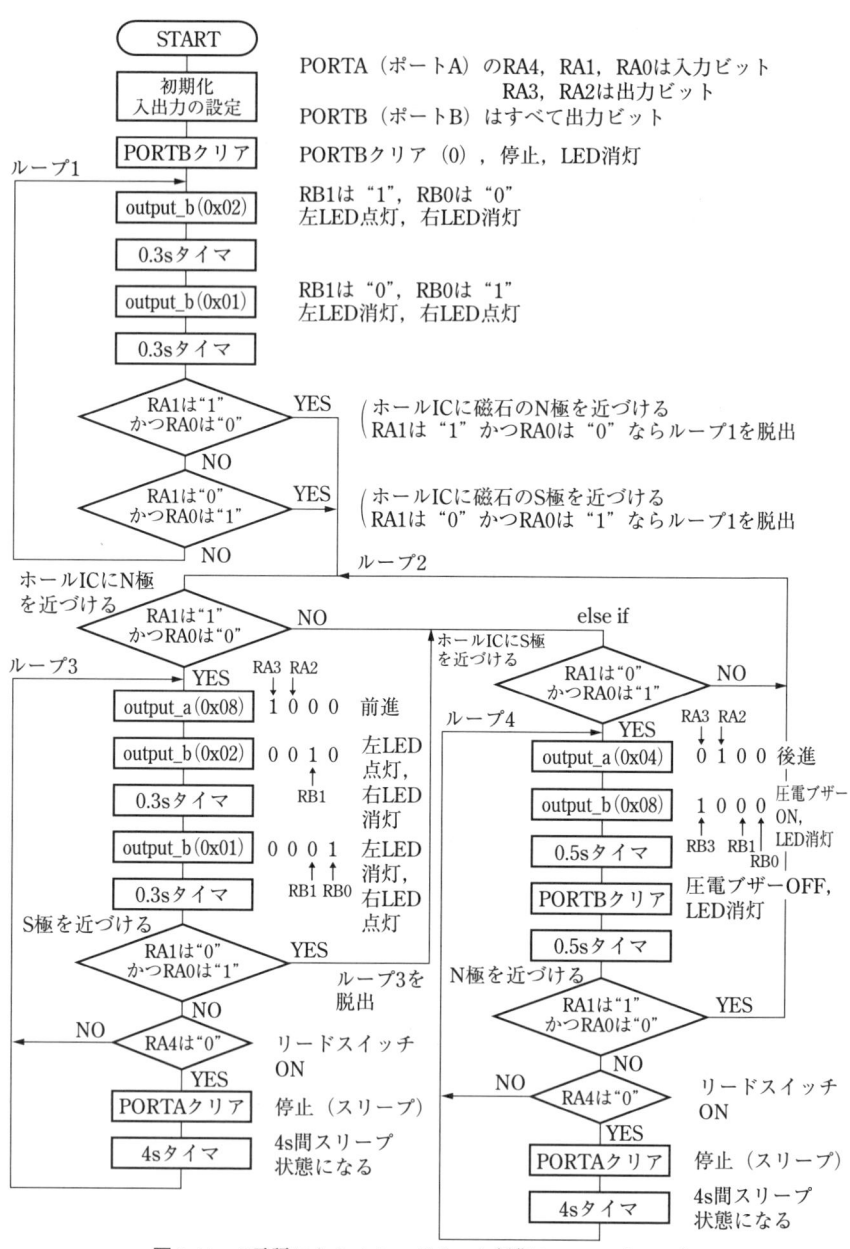

図3.11 C言語によるメカ・ダチョウ制御のフローチャート

●解説

＃use fast_io(a), ＃use fast_io(b)

入出力モード設定プリプロセッサ＃use fast_io(port) を使用すると，初期化で指定した set_tris_x の入出力モードに従い，各ピンの入出力をダイレクトに実行する．このため，命令数を少なくでき，高速な動作をする．

＃use fast_io(port) を使用しなければ，入出力モード設定命令は，入出力ピン制御関数を使用するたびに，**CCS － C コンパイラ**によって自動追加される．このため，ノイズ等で各ピンの入出力設定や出力データが反転した場合の誤動作を回避することができる．

output_b(0) ;

入出力ピン制御関数 output_b( ) は，指定ポート PORTB（ポート B）に指定データ（この場合 0）を出力する．すると，PORTB をクリア（すべて 0）する．

output_b(0x02) ; , output_b(0x01) ;

指定ポート PORTB に指定データ 0x02 や 0x01 を出力する．

if (input(PIN_A1)＝＝1 ＆＆ input(PIN_A0)＝＝0)

＆＆は**論理演算子**の**論理積**（かつ）である．

ここでは，PORTA（ポート A）の 1 番ピン（RA1）の状態が 1 でかつ PORTA の 0 番ピン（RA0）の状態が 0 ならという条件になる．

else if (input(PIN_A1)＝＝0 ＆＆ input (PIN_A0)＝＝1)

if 文は本来 2 方向に分岐をするものだが，**else if 文**によって多方向分岐を行うことができる．

図 3.12 に，**if ～ else 文**の書式とフローチャートを示す．

output_a(0x08) ; , output_a(0x04) ;

指定ポート PORTA（ポート A）に指定データ 0x08 や 0x04 を出力する．

68　3　メカ・ダチョウの制御

```
if（式 1）
{
    実行単位 1
}
else if（式 2）
{
    実行単位 2
}
else
{
    実行単位 3
}
```

書式

フローチャート

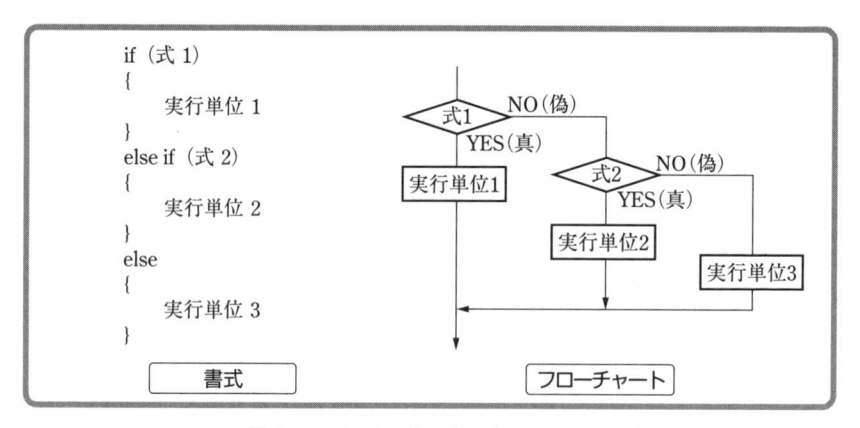

図 3.12　if～else 文の書式とフローチャート

3.6　アセンブリ言語によるメカ・ダチョウ制御

　図 3.13 は，アセンブリ言語によるメカ・ダチョウ制御のフローチャートであり，そのプログラムをプログラム 3.2 に示す．

3.6 アセンブリ言語によるメカ・ダチョウ制御

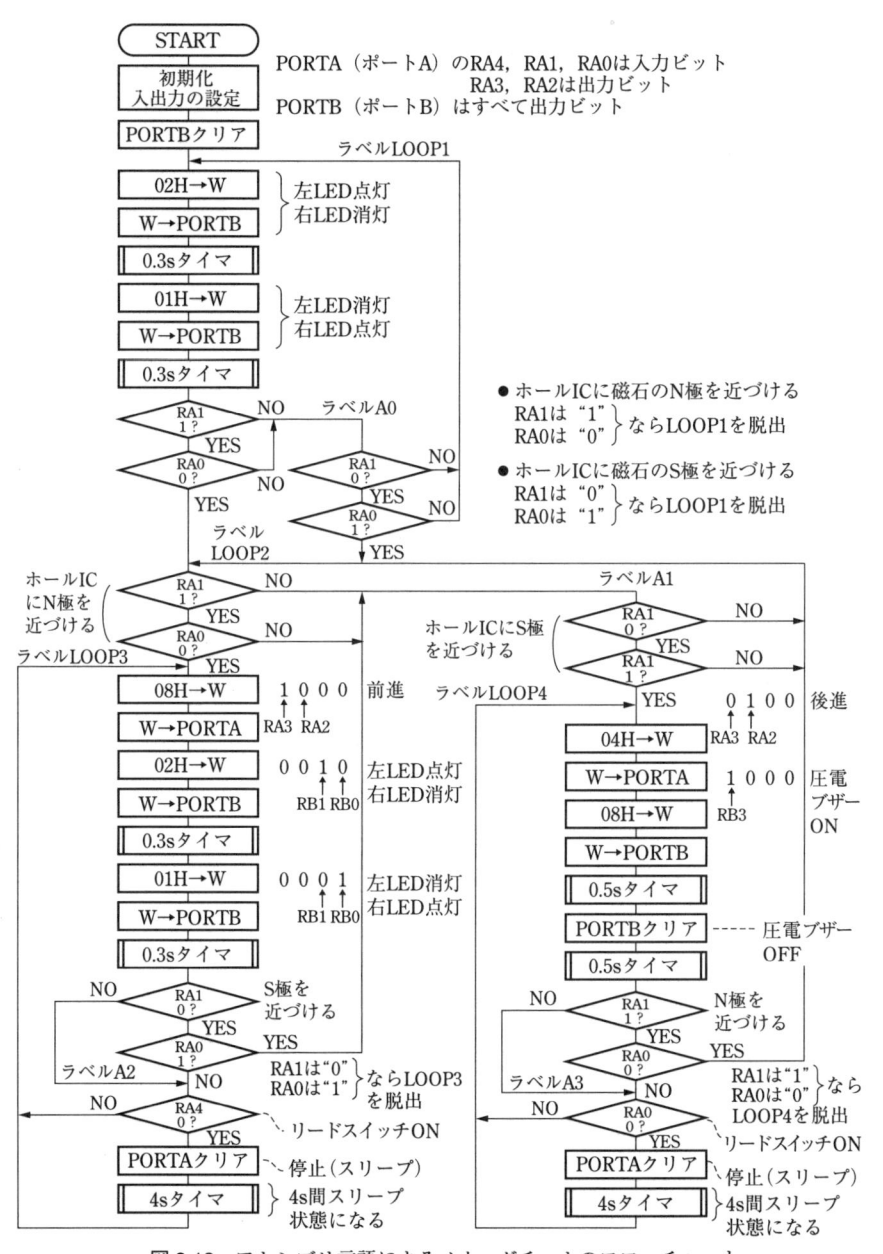

図3.13 アセンブリ言語によるメカ・ダチョウのフローチャート

```
START
 ↓
初期化
入出力の設定       PORTA（ポートA）のRA4, RA1, RA0は入力ビット
 ↓                              RA3, RA2は出力ビット
PORTBクリア        PORTB（ポートB）はすべて出力ビット
 ↓  ラベルLOOP1
02H→W      ┐ 左LED点灯
W→PORTB    ┘ 右LED消灯
 ↓
0.3sタイマ
 ↓
01H→W      ┐ 左LED消灯
W→PORTB    ┘ 右LED点灯
 ↓
0.3sタイマ
 ↓
RA1=1? ─NO→ ラベルA0
 YES         ↓
  ↓         RA1=0? ─NO→
RA0=0? ─NO→  YES
 YES         ↓
  ↓         RA0=1? ─YES→
 ラベルLOOP2  
```

● ホールICに磁石のN極を近づける
　RA1は"1"
　RA0は"0"　} ならLOOP1を脱出

● ホールICに磁石のS極を近づける
　RA1は"0"
　RA0は"1"　} ならLOOP1を脱出

LOOP2:
```
ホールIC       RA1=1? ─NO→ ラベルA1
にN極を         YES            ↓
近づける         ↓            RA1=0? ─NO→  ホールICにS極
              RA0=0? ─NO→     YES         を近づける
ラベルLOOP3     YES              ↓
               ↓              RA1=1? ─NO→
              08H→W  1 0 0 0 前進   ラベルLOOP4 YES  0 1 0 0  後進
              W→PORTA  ↑↑                       ↓       ↑↑
                    RA3 RA2                    04H→W     RA3 RA2
              02H→W   0 0 1 0  左LED点灯        W→PORTA  1 0 0 0  圧電
              W→PORTB   ↑↑   右LED消灯          08H→W      ↑     ブザー
                     RB1 RB0                              RB3   ON
              0.3sタイマ                        W→PORTB
              01H→W   0 0 0 1  左LED消灯        0.5sタイマ
              W→PORTB   ↑↑   右LED点灯         PORTBクリア ----- 圧電ブザー
                     RB1 RB0                   0.5sタイマ         OFF
              0.3sタイマ
```

```
       NO   RA1=0?  S極を           NO   RA1=1?  N極を
    ←─────  YES    近づける       ←─────  YES   近づける
             ↓                              ↓
            RA0=1?                         RA0=0?
             YES                            YES
  ラベルA2    ↓                   ラベルA3    ↓
    ←NO─── RA4=0?                   ←NO─── RA0=0?
             YES  ⋯リードスイッチON          YES  ⋯リードスイッチON
             ↓                              ↓
           PORTAクリア ⋯停止（スリープ）    PORTAクリア ⋯停止（スリープ）
             ↓                              ↓
           4sタイマ  } 4s間スリープ         4sタイマ  } 4s間スリープ
                      状態になる                       状態になる
```

RA1は"0"
RA0は"1" } ならLOOP3を脱出

RA1は"1"
RA0は"0" } ならLOOP4を脱出

プログラム 3.2 アセンブリ言語によるメカ・ダチョウ制御

```
            LIST        P=PIC16F84A;    LIST宣言で使用するPICを16F84Aと定義する
            INCLUDE     P16F84A.INC;    設定ファイルp16f84a.incを読み込む

            __CONFIG    _HS_OSC & _WDT_OFF & _PWRTE_ON & _CP_OFF
                                    ; コンフィグレーションビットの設定(HSモード,
                                      WDTなし, パワーアップタイマを使用, プロテク
                                      トなし)
GPR_1       EQU         0CH         ; ファイルレジスタ0Ch番地をGPR_1と定義
GPR_2       EQU         0DH         ; 以下, 同様に定義する
GPR_3       EQU         0EH
GPR_4       EQU         010H
GPR_5       EQU         011H
            ORG         0           ; リセットベクタ(0番地)を指定する
MAIN
            BSF         STATUS,RP0  ; ファイルレジスタSTATUSのRP0(ビット5)を
                                      セット(1)にする⇒バンク1
            CLRF        TRISB       ; ファイルレジスタTRISBをクリア(0)⇒PORTB
                                      は出力ビット
            MOVLW       013H        ; 013HをWレジスタに転送
            MOVWF       TRISA       ; Wレジスタの内容(013H)をファイルレジスタ
                                      TRISAに転送. すると, TRISAは10011とな
                                      り, RA4, RA1, RA0は入力ビット, RA3と
                                      RA2は出力ビットになる
            BCF         STATUS,RP0  ; STATUSのRP0をクリア(0)⇒バンク0
            CLRF        PORTB       ; PORTBをクリア(0)
LOOP1
            MOVLW       02H         ; 02HをWレジスタに転送
            MOVWF       PORTB       ; Wレジスタの内容(02H)をPORTBに転送. 左
                                      LED点灯, 右LED消灯
            CALL        TIMER03     ; 0.3sタイマサブルーチンをコールする
            MOVLW       01H         ; 01HをWレジスタに転送
            MOVWF       PORTB       ; Wレジスタの内容(01H)をPORTBに転送. 左
                                      LED消灯, 右LED点灯
            CALL        TIMER03     ; 0.3sタイマサブルーチンをコールする
            BTFSS       PORTA,1     ; PORTAのビット1(RA1)が"1"なら, 次の命令を
                                      スキップする
            GOTO        A0          ; RA1が"1"でないなら, ラベルA0へ行く
            BTFSC       PORTA,0     ; PORTAのビット0(RA0)が"0"なら, 次の命令を
                                      スキップする
            GOTO        A0          ; RA0が"0"でないなら, ラベルA0へ行く
LOOP2
```

3.6 アセンブリ言語によるメカ・ダチョウ制御　**71**

```
              BTFSS    PORTA,1    ; PORTA のビット 1(RA1)が "1" なら，次の命令
                                    をスキップする
              GOTO     A1         ; RA1 が "1" でないなら，ラベル A1 へ行く
              BTFSC    PORTA,0    ; PORTA のビット 0(RA0)が "0" なら，次の命令
                                    をスキップする
              GOTO     A1         ; RA0 が "0" でないなら，ラベル A1 へ行く
LOOP3
              MOVLW    08H        ; 08H を W レジスタに転送
              MOVWF    PORTA      ; W レジスタの内容(08H)を PORTA に転送．メ
                                    カ・ダチョウは前進
              MOVLW    02H        ; 02H を W レジスタに転送
              MOVWF    PORTB      ; W レジスタの内容(02H)を PORTB に転送．左
                                    LED 点灯，右 LED 消灯
              CALL     TIMER03    ; 0.3s タイマサブルーチンをコールする
              MOVLW    01H        ; 01H を W レジスタに転送
              MOVWF    PORTB      ; W レジスタの内容(01H)を PORTB に転送．左
                                    LED 消灯，右 LED 点灯
              CALL     TIMER03    ; 0.3s タイマサブルーチンをコールする
              BTFSC    PORTA,1    ; PORTA のビット 1(RA1)が "0" なら，次の命令を
                                    スキップする
              GOTO     A2         ; RA1 が "0" でないなら，ラベル A2 へ行く
              BTFSS    PORTA,0    ; PORTA のビット 0(RA0)が "1" なら，次の命令を
                                    スキップする
              GOTO     A2         ; RA0 が "1" でないなら，ラベル A2 へ行く
              GOTO     A1         ; ラベル A1 へ行く
A2
              BTFSC    PORTA,4    ; PORTA のビット 4(RA4)が "0"，リードスイッチ
                                    ON なら，次の命令をスキップする
              GOTO     LOOP3      ; RA4 が "0" でないなら，ラベル LOOP3 へ行く
              CLRF     PORTA      ; PORTA をクリア(0)．メカ・ダチョウは停止(ス
                                    リープ)
              CALL     TIMER40    ; 4s タイマサブルーチンをコールする
              GOTO     LOOP3      ; ラベル LOOP3 へ行く
A0
              BTFSC    PORTA,1    ; PORTA のビット 1(RA1)が "0" なら，次の命令を
                                    スキップする
              GOTO     LOOP1      ; RA1 が "0" でないなら，ラベル LOOP1 へ行く
              BTFSS    PORTA,0    ; PORTA のビット 0(RA0)が "1" なら，次の命令を
                                    スキップする
              GOTO     LOOP1      ; RA0 が "1" でないなら，ラベル LOOP1 へ行く
              GOTO     LOOP2      ; ラベル LOOP2 へ行く
A1
              BTFSC    PORTA,1    ; PORTA のビット 1(RA1)が "0" なら，次の命令を
                                    スキップする
              GOTO     LOOP2      ; RA1 が "0" でないなら，ラベル LOOP2 へ行く
```

```
             BTFSS    PORTA,0    ; PORTAのビット0(RA0)が"1"なら，次の命令を
                                 ;  スキップする
             GOTO     LOOP2      ; RA0が"1"でないなら，ラベルLOOP2へ行く
LOOP4
             MOVLW    04H        ; 04HをWレジスタに転送
             MOVWF    PORTA      ; Wレジスタの内容(04H)をPORTAに転送．メ
                                 ;  カ・ダチョウは後進
             MOVLW    08H        ; 08HをWレジスタに転送
             MOVWF    PORTB      ; Wレジスタの内容(08H)をPORTBに転送．圧電
                                 ;  ブザーON
             CALL     TIMER05    ; 0.5sタイマサブルーチンをコールする
             CLRF     PORTB      ; PORTBをクリア(0)．圧電ブザーOFF
             CALL     TIMER05    ; 0.5sタイマサブルーチンをコールする
             BTFSS    PORTA,1    ; PORTAのビット1(RA1)が"1"なら，次の命令を
                                 ;  スキップする
             GOTO     A3         ; RA1が"1"でないなら，ラベルA3へ行く
             BTFSC    PORTA,0    ; PORTAのビット0(RA0)が"0"なら，次の命令を
                                 ;  スキップする
             GOTO     A3         ; RA0が"0"でないなら，ラベルA3へ行く
             GOTO     LOOP2      ; ラベルLOOP2へ行く
A3
             BTFSC    PORTA,4    ; PORTAのビット4(RA4)が"0"なら，次の命令を
                                 ;  スキップする
             GOTO     LOOP4      ; RA4が"0"でないなら，ラベルLOOP4へ行く
             CLRF     PORTA      ; PORTAをクリア(0)．メカ・ダチョウは停止(ス
                                 ;  リープ)
             CALL     TIMER40    ; 4sタイマサブルーチンをコールする
             GOTO     LOOP4      ; ラベルLOOP4へ行く
TIM04                            ; 0.4msタイマ
             MOVLW    0F9H
             MOVWF    GPR_1
TIMLP1  NOP
             DECFSZ   GPR_1,F
             GOTO     TIMLP1
             RETURN
TIM100                           ; 100msタイマ
             MOVLW    0F9H
             MOVWF    GPR_2
TIMLP2  CALL     TIM04
             DECFSZ   GPR_2,F
             GOTO     TIMLP2
             RETURN
TIMER03                          ; 0.3sタイマ
             MOVLW    03H
```

```
        MOVWF   GPR_3
TIMLP3  CALL    TIM100
        DECFSZ  GPR_3,F
        GOTO    TIMLP3
        RETURN
TIMER05                         ; 0.5s タイマ
        MOVLW   05H
        MOVWF   GPR_4
TIMLP4  CALL    TIM100
        DECFSZ  GPR_4,F
        GOTO    TIMLP4
        RETURN
TIMER40                         ; 4s タイマ
        MOVLW   028H
        MOVWF   GPR_5
TIMLP5  CALL    TIM100
        DECFSZ  GPR_5,F
        GOTO    TIMLP5
        RETURN

        END                     ; プログラムの終了をアセンブラに指示する
```

4 ショベルドーザの制御

タミヤのショベルドーザは，有線のリモートコントロールで，車体の前進・後進や左右旋回，またショベルの上昇・下降の操縦ができる．このため，走行用 DC モータ 2 個，ショベルの上下用 DC モータ 1 個と各ギヤボックスが付いている．

本章のショベルドーザは，タミヤのショベルドーザから有線のリモコン装置を取り外し，PIC16F84A と超音波センサ・マイクロスイッチなどを搭載した自走ショベルドーザである．このショベルドーザは，障害物を避けながら自走し，ショベルの上昇・下降ができる．

PIC の I/O ポートの入力バッファの特性を利用することにより，超音波センサ回路は従来の回路よりも簡略化されている．このため，制御回路基板は小さく，自走ショベルドーザはすっきりした形になっている．

4.1 ショベルドーザの制御回路

図 4.1 は，タミヤの 3 チャンネルリモコンショベルドーザを改造した自走ショベルドーザである．有線のリモコン装置を取り外し，PIC16F84A と超音波センサ・マイクロスイッチ・DC モータドライブ IC などを搭載している．

電源スイッチ ON でショベルドーザは前進し，超音波センサが作動する．前方約 10 cm の所に障害物があると，ショベルに搭載した**超音波センサ**が障害物を認識し，ショベルドーザは後進する．3 秒間，後進すると同時にショベルを上昇させ，ショベルを持ち上げたまま右旋回をする．その後，ショベルドーザは停止したまま，ショベルだけを下降させる．ショベルが下がると，ショベルの腕に搭載した**マイクロスイッチ**が ON になり，ショベルドーザは少しだけ後進，左旋回し，再び前進動作に変わる．

前進中に，右側に壁などの障害物があると，ショベルの右側面に搭載したマイクロスイッチが障害物にぶつかり ON になる．すると，ショベルドーザは 0.8 秒間左旋回する．同様に，左マイクロスイッチが ON になると右旋回をする．

4.1 ショベルドーザの制御回路　**75**

（a）前からの外観　　　　　　　（b）後ろからの外観

図 4.1　ショベルドーザ

このようにして，ショベルドーザは自走する．

図 4.2 に，ショベルドーザの制御回路を示す．ショベルドーザ制御回路は，電源回路・超音波送信回路と超音波受信回路・マイクロスイッチおよび DC モータ回路などから構成されている．ここで，超音波送信回路と超音波受信回路について見てみよう．

76   4 ショベルドーザの制御

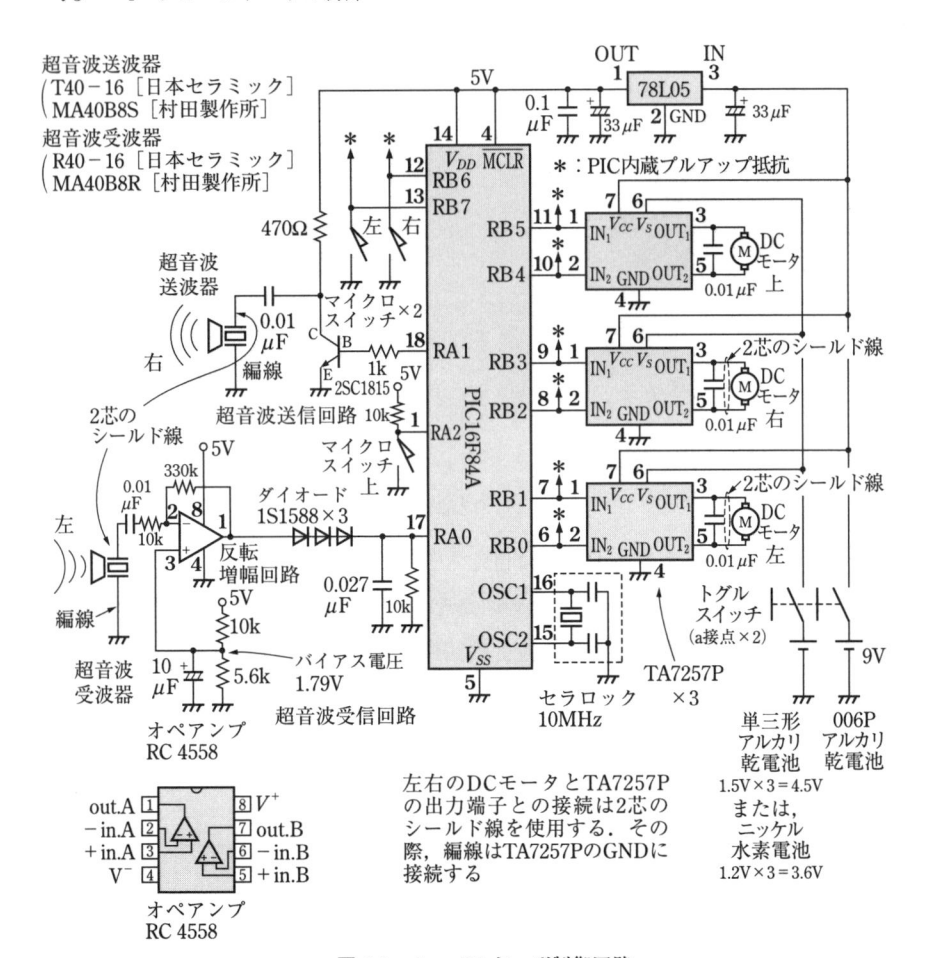

図 4.2 ショベルドーザ制御回路

● 超音波送信回路と超音波受信回路

　図4.3の**超音波送信回路**は，プログラムによって周波数40kHzの**方形波**をつくり，**トランジスタ駆動回路**によって**超音波送波器**を駆動させている．図4.4に，超音波送信回路の概略波形を示す．

4.1 ショベルドーザの制御回路 **77**

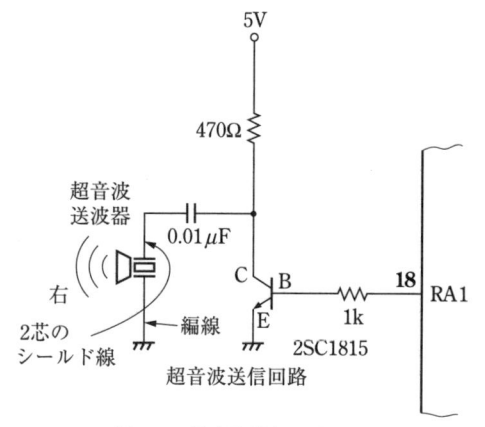

図 4.3 超音波送信回路

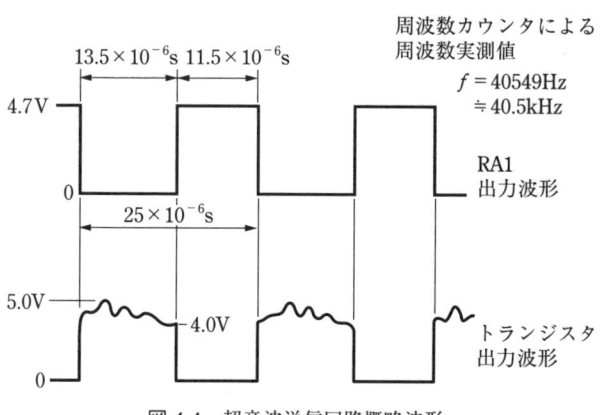

図 4.4 超音波送信回路概略波形

　図 4.5 は，**超音波受信回路**である．5V の**単一電源**であるため，オペアンプの**非反転入力端子**（＋ in）の電位を 10kΩ と 5.6kΩ の抵抗の分圧により，**バイアス電圧** 1.79V にしている．

　実測によると，**オペアンプ（反転増幅回路）** のバイアス電圧が 1.79V のとき，超音波入力なしでオペアンプの出力電圧は 1.79V になっている．次に続く**ダイオード** 3 個と**平滑回路**により，PIC の RA0 ピンは 0.47V に降下する．

　図 4.3 の超音波送波器から発射した超音波が物体で反射され，この反射波を

78 4 ショベルドーザの制御

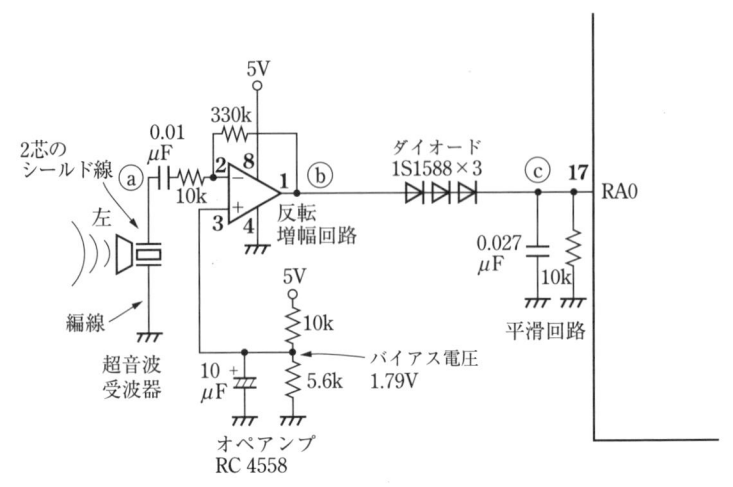

図4.5 超音波受信回路

超音波受信回路で受波する**反射方式**を採用している．

後述するPICのI/Oポートの入力バッファの特性を利用することにより，この超音波受信回路は，従来の回路より簡単な構成になっている．

ショベルドーザの前進中に，前方約10cmの所に壁のような障害物があると，作動している超音波送信回路と超音波受信回路による超音波センサが障害物を認識し，超音波受信回路の出力電圧を，物体なしのときの"L"信号0.47Vから1.25V以上に上昇させる．この1.25V以上を"H"信号とする．

ここで，PICのI/Oポートの入力バッファの特性について述べよう．

PICのI/Oポートには**入力バッファ**があり，入力バッファにはTTL互換入力とシュミットトリガ入力がある．ポートAのRA0〜RA3は**TTLバッファタイプ**で，RA4は**シュミットトリガタイプ**になっている．

ピンの電圧がV_{IH}の範囲のときは1（H）と読み出され，V_{IL}の範囲のときは0（L）と読み出される．表4.1に，TTL互換入力とシュミットトリガ入力のV_{IL}とV_{IH}を示す．

図4.2のショベルドーザの制御回路では，ポートAのRA0を使用しているので，入力バッファはTTLタイプである．表4.1より，V_{IH}の最小値MINは，

表4.1 TTL 互換入力とシュミットトリガ入力の V_{IL} と V_{IH}

バッファタイプ	V_{IL}		V_{IH}	
	MIN	MAX	MIN	MAX
TTL（RA0 ～ RA3）	V_{SS}	$0.16V_{DD}$	$0.25V_{DD}$	V_{DD}
シュミットトリガ（RA4）	V_{SS}	$0.2V_{DD}$	$0.8V_{DD}$	V_{DD}

$0.25V_{DD}$ から $0.25 \times 5 = 1.25$V になり，"H" と見なされる最小値になる．V_{IL} の最大値 MAX は，$0.16V_{DD}$ から $0.16 \times 5 = 0.8$V になり，0.8V が "L" と見なされる最大値になる．

従来の超音波受信回路は，出力電圧として 5V を得るため，反転増幅回路を 2 つ，コンパレータ，インバータおよび平滑回路が必要であった．しかし，PIC の I/O ポートの入力バッファの特性を利用することにより，RA0 ピンの電圧が 0.8V 以下は "L"，1.25V 以上は "H" と判断されるので，図 4.5 の超音波受信回路では，ダイオード 3 個の直列接続による電圧降下を利用し，RA0 ピンの入力電圧を調整している．

超音波センサと物体との検出距離を 10 cm としたときの超音波受信回路の各部の波形を図 4.6 に示す．

図 4.6 の実測波形をもとに，図 4.5 の超音波受信回路の動作原理を見てみよう．ここで，超音波受信回路の出力端子と PIC16F84A の RA0 ピンの接続は外しておく．

■ 回路の動作

① 受波器に入射した**超音波**は，周波数 40kHz，最大値 0.12V の交流電圧に変換される（ⓐ点）．

② この交流電圧は，オペアンプで反転増幅され，出力の直流電圧 $V_{DC} = 1.79$V に重畳する（ⓑ点）．

③ **ダイオード**を介して**平滑回路**で平滑すると，ⓒ点の波形のように，**リプル**を含んだ出力波形が得られる．

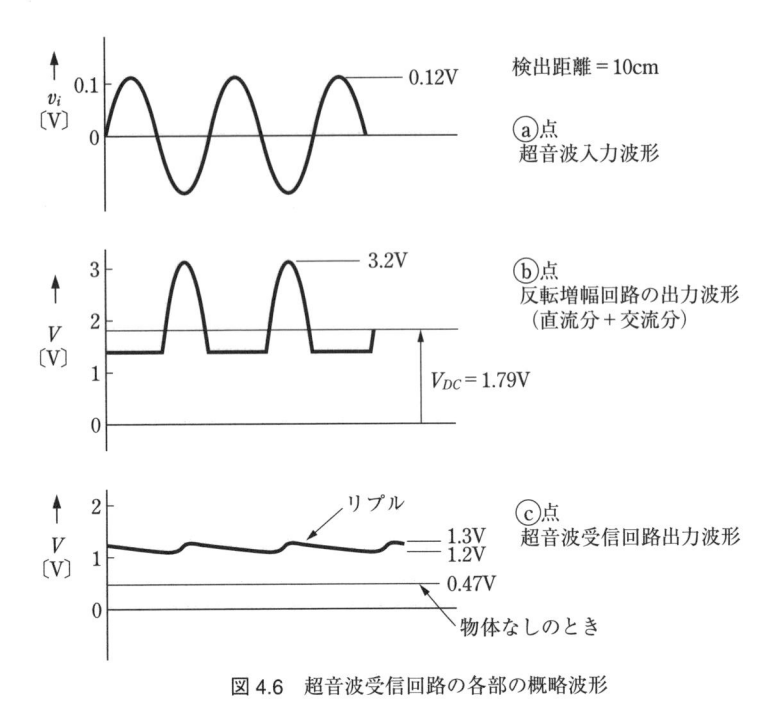

図4.6 超音波受信回路の各部の概略波形

ⓐ点 超音波入力波形 検出距離=10cm、0.12V

ⓑ点 反転増幅回路の出力波形（直流分+交流分） 3.2V、$V_{DC}=1.79V$

ⓒ点 超音波受信回路出力波形 リプル、1.3V、1.2V、0.47V 物体なしのとき

④ ⓒ点の電位が，物体なしのときの0.47Vから物体ありのときの1.25Vに達すると，PICのRA0ピンに"H"信号が入力したことになる．

⑤ 3つのダイオードの働きは，電流の流れを一定方向に整流するとともに，平滑回路への充電電流が流れることによるダイオードの電圧降下を利用し，ⓒ点の電位を下げている．

⑥ 実測によると，超音波入力なしのとき，ⓑ点の電位が1.79Vでⓒ点の電位が0.47Vになっている．

4.2 基板の製作

図4.7は，ショベルドーザの制御回路基板である．

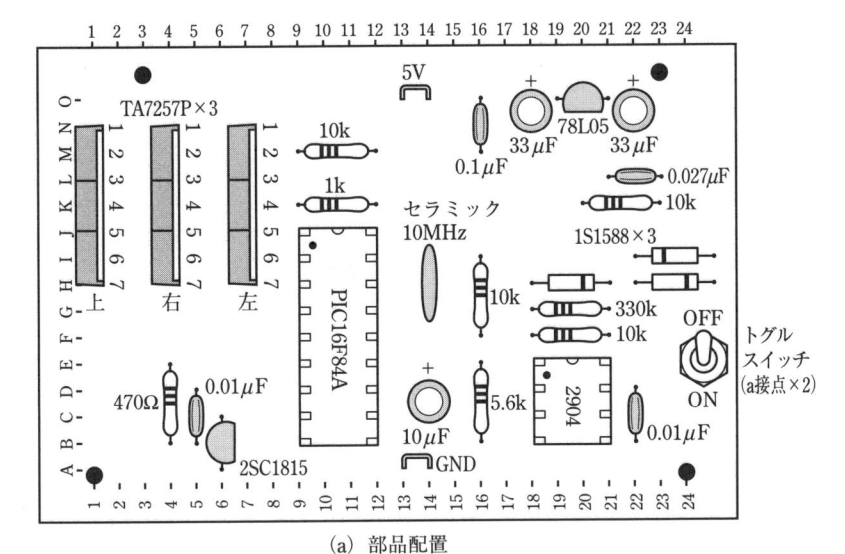

4.2 基板の製作

(a) 部品配置

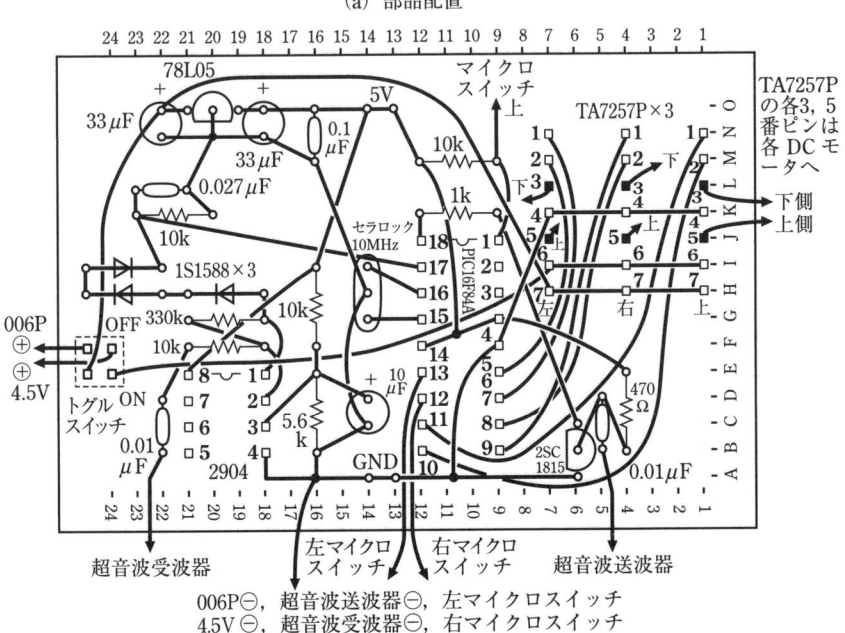

(b) 裏面配線図

図 4.7 ショベルドーザの制御回路基板

4.3　穴あけ加工と部品の固定

図 4.8 に，ショベルドーザの穴あけ加工とセンサの固定を示す．

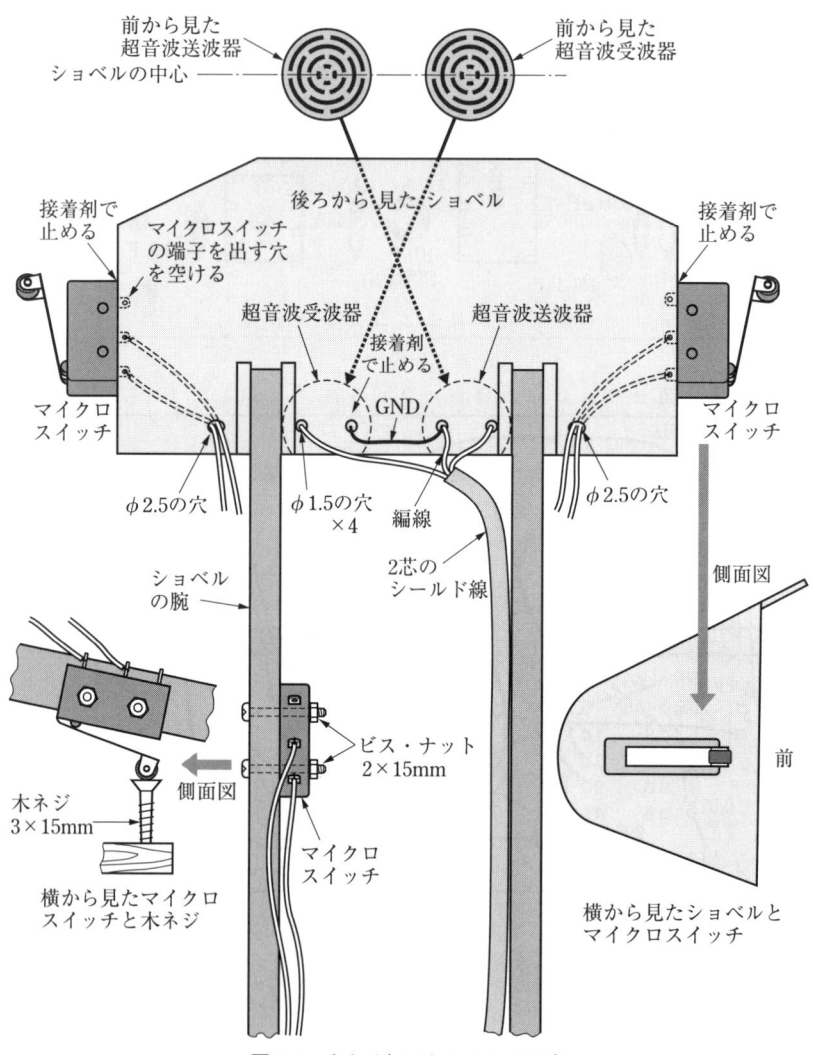

図 4.8　穴あけ加工とセンサの固定

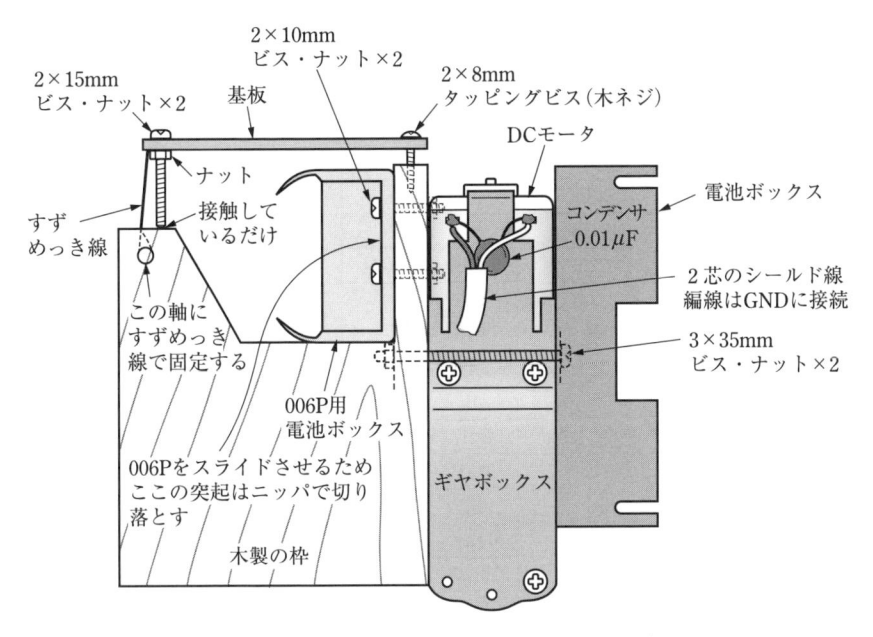

図 4.9　側面から見た電池ボックスと基板の取付け方

図 4.9 は，側面から見た電池ボックスと基板の取付け方である．

4.4　ショベルドーザの部品

表 4.2 は，ショベルドーザの部品である．

表 4.2　ショベルドーザの部品

部　品	型　番	規格等	個数	メーカ	備　考
PIC	PIC16F84A		1	マイクロチップテクノロジー	
オペアンプ	RC4588		1	Raytheon	同等品代用可
IC ソケット		18P	1		PIC 用
		8P	1		オペアンプ用
5V 低損失レギュレータ	2930L05	5V 出力	1		78L05 代用可

DC モータドライブ IC	TA7257P			3	東芝	
超音波送波器	T40-16	40kHz		1	日本セラミック	MA40B8S 代用可
超音波受波器	R40-16	40kHz		1	日本セラミック	MA40B8R 代用可
トランジスタ	2SC1815			1	東芝	同等品代用可
ダイオード	1S1588			3	東芝	同等品代用可
セラロック	CSTLS-G	10MHz／3本足		1	村田製作所	
抵抗		330k	1/4w	1		
		10k		4		
		5.6k		1		
		1k		1		
		470Ω		1		
電解コンデンサ		33μF	16V	2		
		10μF		1		
積層セラミックコンデンサ		0.1μF	50V	1		
		0.01μF		2		
セラミックコンデンサ		0.01μF	50V	3		
		0.027μF		1		ポリエステルコンデンサ代用可
トグルスイッチ	MS-600	6P		1	ミヤマ	MS242, 245 代用可
マイクロスイッチ	SS-1GL2-E-4			3	オムロン	同等品代用可
ユニバーサル基板	ICB-88			1	サンハヤト	
単三形ニッケル水素電池		1.2V		3		単三形乾電池代用可
単三形電池ボックス		平3本形		1		
アルカリ乾電池	006P(9V)			1		
006P 電池ボックス				1		
電池プラグケーブル				2		電池スナップ
ビス・ナット		3×35mm		各2		
		2×15mm		各4		
		2×10mm		各2		
タッピングビス		2×8mm		2		木ネジ代用可
木ネジ		3×15mm		1		
2芯シールド線		40cm程度		1		3本に加工
ショベルドーザ本体				1	タミヤ	
その他		リード線，すずめっき線など				

4.5 C言語によるショベルドーザ制御

図4.10は，C言語によるショベルドーザ制御のフローチャートであり，そのプログラムをプログラム4.1に示す．

プログラム 4.1 C言語によるショベルドーザ制御

```
#include <16f84a.h>
#fuses HS,NOWDT,PUT,NOPROTECT
#use delay(clock=10000000)
#use fast_io(a)           ………… PORTAをfast_ioモードにする
#use fast_io(b)           ………… PORTBをfast_ioモードにする
main()
{
   set_tris_a(0x05);  …… 0 1 0 1 (0x05). PORTAのRA2とRA0は入力ビット，
                         RA2 RA1 RA0       RA1は出力ビットに設定
   set_tris_b(0xc0);  …1 1 0 0 0 0 0 0 (0xc0). PORTBのRB7とRB6は入力ビッ
                       RB7 RB6 RB5～RB0         ト，RB5～RB0は出力ビットに設定
   port_b_pullups(true);  …………… PORTBの内蔵プルアップ抵抗を接続する
   output_b(0);           …………………………………… PORTBをクリア (0)
   delay_ms(800);         …………………………………………… 0.8sタイマ
   while(1)               …………………………………………………… ループ1
   {
                                RB3 RB2 RB1 RB0
      output_b(0x0a);  ………………… 1 0 1 0 (0x0a). ショベルドーザ前進
      if(input(PIN_A0)==1) ……………………… RA0は"1"，超音波センサON
      {
                              RB3～RB0
         output_b(0x0f);  ………… 1 1 1 1 (0x0f). ショベルドーザ停止（ブレーキ）
         delay_ms(500);   ……………………………………………… 0.5sタイマ
         output_b(0x25);  ……………1 0 0 1 0 1 (0x25). ショベル上昇，
                              RB5 RB4 RB3 RB2 RB1 RB0      ショベルドーザ後進
         delay_ms(3000);  …………… 3sタイマ  RB3 RB2 RB1 RB0
         output_b(0x06);  ……………………………… 0 1 1 0 (0x06). 右旋回
         delay_ms(800);   ……………………………………………… 0.8sタイマ
         while(1)         …………………………………………………… ループ2
         {
            output_b(0x10);  ……………… 0 1 0 0 0 0 (0x10). ショベル下降
            delay_ms(20);    … 20msタイマ RB5 RB4 RB3～RB0
            if(input(PIN_A2)==0) ……… RA2は"0"，上マイクロスイッチONなら，
               break;         ………………… break文でループ2を脱出
         }
```

```
            output_b(0x05);  ················  0  1  0  1  (0x05). ショベルドーザ後進
            delay_ms(500);   ········ 0.5s タイマ  RB3 RB2 RB1 RB0
            output_b(0x09);  ················  1  0  0  1  (0x09). 左旋回
            delay_ms(800);   ·························································· 0.8s タイマ
            output_b(0x0a);  ························································ ショベルドーザ前進
            delay_ms(500);   ·························································· 0.5s タイマ
        }
        else if(input(PIN_B6)==0) ················ RB6 は "0", 右マイクロスイッチ ON
        {
            output_b(0x09);  ························································ 左旋回
            delay_ms(800);   ·························································· 0.8s タイマ
        }
        else if(input(PIN_B7)==0) ················ RB7 は "0", 左マイクロスイッチ ON
        {
            output_b(0x06);  ························································ 右旋回
            delay_ms(800);   ·························································· 0.8s タイマ
        }
        else
        {                                                       RA1
            output_a(0x02);  ················  0  0  1  0  (0x02), RA1 は "H"
            output_b(0x0a);  ························································ ショベルドーザ前進
            delay_us(10);    ·························································· 10μs タイマ
            output_a(0);     ················ RORTA クリア (0), RA1 は "L"
            otput_b(0x0a);   ························································ ショベルドーザ前進
            delay_us(2);     ·························································· 2μs タイマ
        }
    }
}
```

4.5 C言語によるショベルドーザ制御

図 4.10 に示すのは, C言語によるショベルドーザのフローチャートである.

START

- 初期化 入出力の設定 : PORTA(ポートA)のRA2とRA0は入力ビット, RA1は出力ビット
  PORTB(ポートB)のRB7とRB6は入力ビット, RB5～RB0は出力ビット
- PORTBプルアップ : PORTAの内蔵プルアップ抵抗を接続する
- PORTBクリア : PORTBをクリア(0). ショベルドーザ停止
- 0.8sタイマ

ループ1

- output_b(0x0a) ----- RB3 RB2 RB1 RB0 = 1 0 1 0 (0x0a) ショベルドーザ前進
  IN₁ IN₂ IN₁ IN₂
- RA0 = 1 ?
  - NO → 超音波センサ ON
  - YES
- output_b(0x0f) : RB3 RB2 RB1 RB0 = 1 1 1 1 (0x0f) ブレーキ
- 0.5sタイマ
- output_b(0x25) : RB5 RB4 = 1 0 ショベル上昇, RB3 RB2 RB1 RB0 = 0 1 0 1 後進
- 3sタイマ
- output_b(0x06) : RB3 RB2 RB1 RB0 = 0 1 1 0 右旋回
- 0.8sタイマ

ループ2

- output_b(0x10) : RB5 RB4 = 0 1, RB3～RB0 = 0 0 0 0 ショベル下降
- 20msタイマ
- RA2 = 0 ?
  - NO
  - YES ----- 上マイクロスイッチON
- output_b(0x05) : RB3 RB2 RB1 RB0 = 0 1 0 1 後進
- 0.5sタイマ
- output_b(0x09) : RB3 RB2 RB1 RB0 = 1 0 0 1 左旋回
- 0.8sタイマ
- output_b(0x0a) 前進
- 0.5sタイマ

(中央分岐) RB6 = 0 ?
- NO → 右マイクロスイッチON
- YES
- output_b(0x09) 左旋回
- 0.8sタイマ

RB7 = 0 ?
- NO → 左マイクロスイッチON
- YES
- output_b(0x06) 右旋回
- 0.8sタイマ

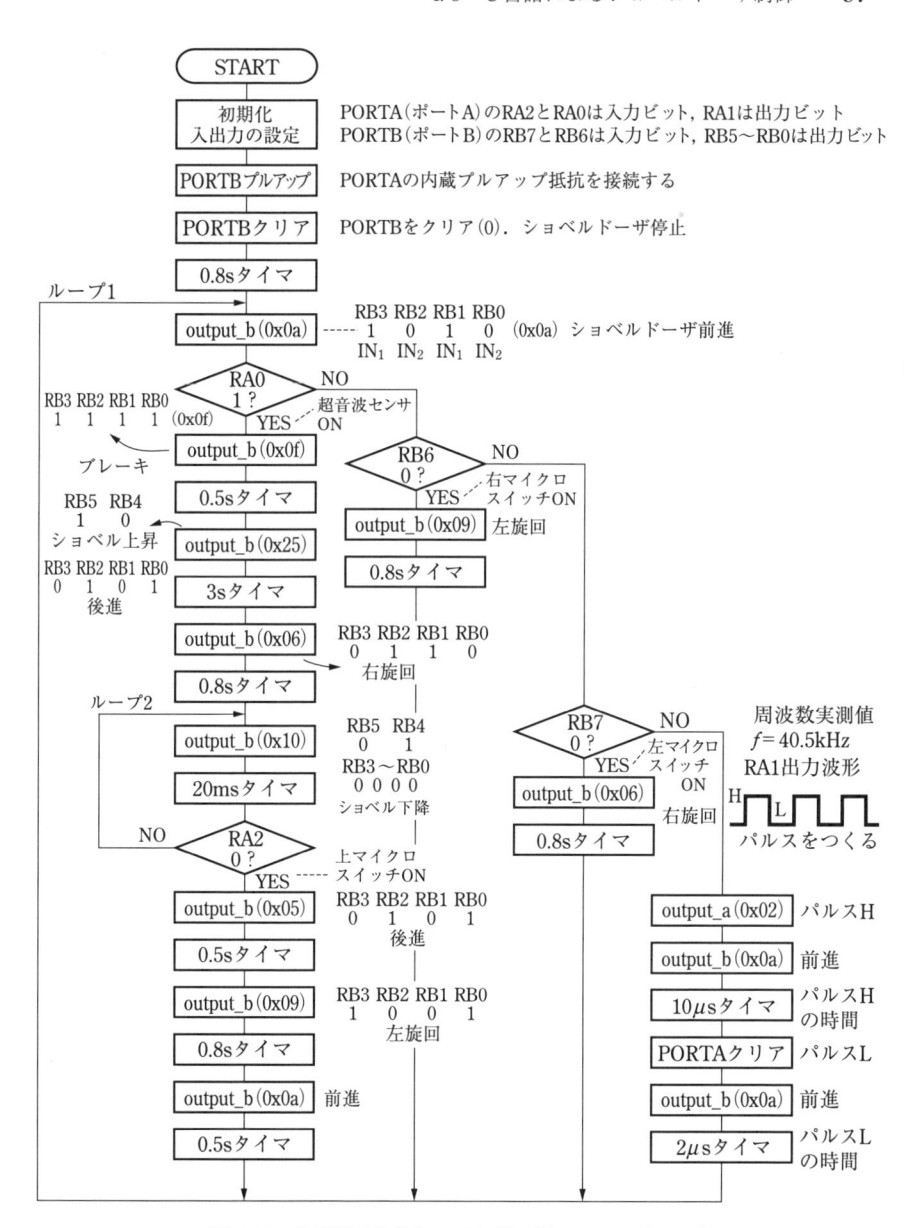

(右側 パルスをつくる) 周波数実測値 f = 40.5kHz RA1出力波形
- output_a(0x02) パルスH
- output_b(0x0a) 前進
- 10μsタイマ : パルスHの時間
- PORTAクリア : パルスL
- output_b(0x0a) 前進
- 2μsタイマ : パルスLの時間

図 4.10 C言語によるショベルドーザのフローチャート

● 解説

port_b_pullups(true);

入出力ピン制御関数 port_b_pullups( ) は，ポート B（PORTB）の内蔵プルアップ機能を **ON-OFF** するもので，PORTB 全体に作用する．

PORTB の**内蔵プルアップ抵抗**を接続する（true）/ しない（false）で表わす．ここでは，port_b_pullups(true); なので，内蔵プルアップ抵抗を接続する．この関数を使用することにより，図 4.2 のショベルドーザの制御回路では，8 個のプルアップ抵抗を省略することができ，回路の簡略化に有効である．

delay_us(10);

組込み関数 delay_us(time) は，マイクロ秒単位の**ディレイ**を発生させる．設定できる時間は，**引数**が定数であれば 0 から 65025 までの値である．

delay_us(10); → 10 μs のディレイをつくる．

4.6　アセンブリ言語によるショベルドーザ制御

図 4.11 は，アセンブリ言語によるショベルドーザ制御のフローチャートであり，そのプログラムをプログラム 4.2 に示す．

4.6　アセンブリ言語によるショベルドーザ制御　**89**

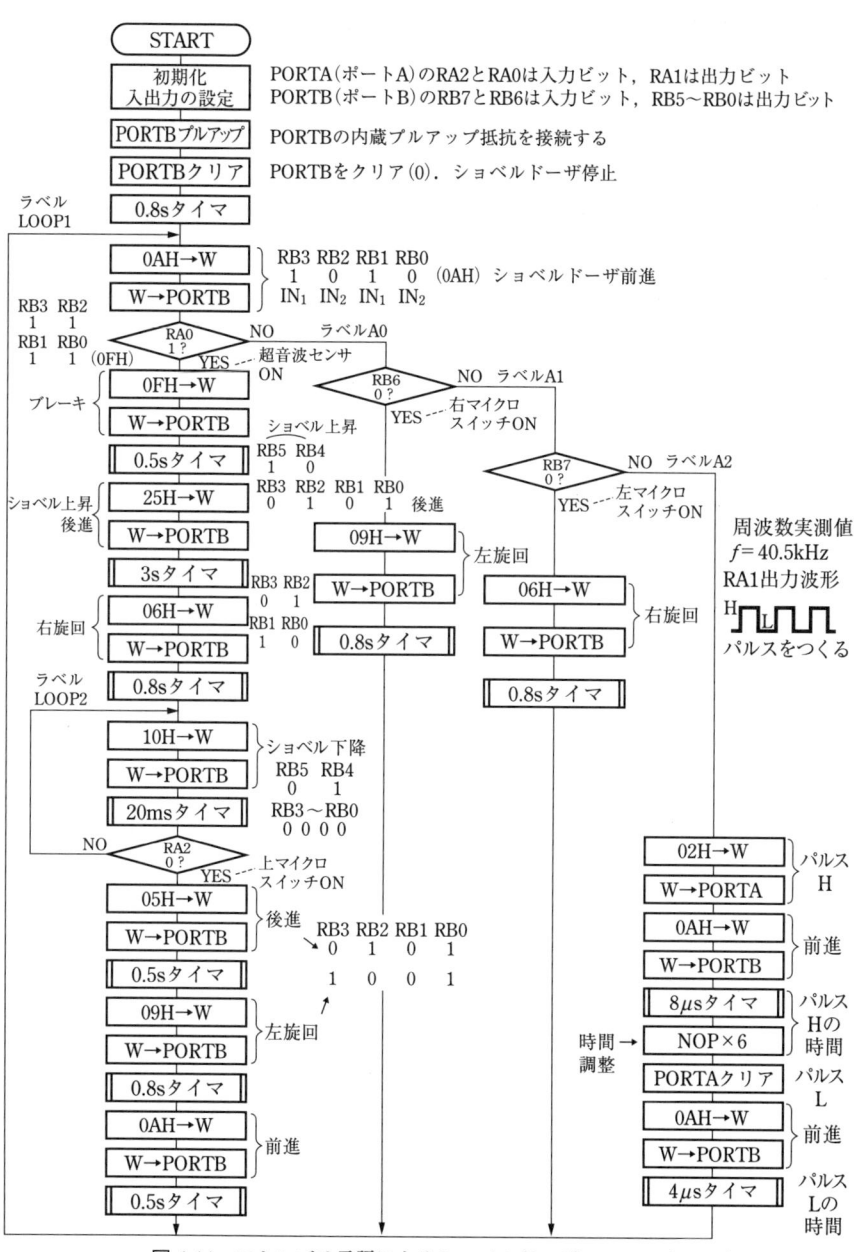

図 4.11　アセンブリ言語によるショベルドーザのフローチャート

プログラム 4.2 アセンブリ言語によるショベルドーザ制御

```
            LIST      P=PIC16F84A     ; LIST 宣言で使用する PIC を 16F84A と定義する
            INCLUDE   P16F84A.INC     ; 設定ファイル p16f84a.inc を読み込む

            _ _CONFIG _HS_OSC & _WDT_OFF & _PWRTE_ON & _CP_OFF
                                      ; コンフィグレーションビットの設定(HS モード,
                                        WDT なし, パワーアップタイマを使用, プロテク
                                        トなし)
GPR_1       EQU       0CH             ; ファイルレジスタ 0Ch 番地を GPR_1 と定義
GPR_2       EQU       0DH             ; 以下, 同様に定義する
GPR_3       EQU       0EH
GPR_4       EQU       010H
GPR_5       EQU       011H
GPR_6       EQU       012H
GPR_7       EQU       013H
            ORG       0               ; リセットベクタ(0 番地)を指定する
MAIN
            BSF       STATUS,RP0      ; ファイルレジスタ STATUS の RP0(ビット 5)を
                                        セット(1)にする⇒バンク 1
            MOVLW     0C0H            ; 0C0H を W レジスタに転送
            MOVWF     TRISB           ; W レジスタの内容(0C0H)をファイルレジスタ
                                        TRISB に転送. すると TRISB は 1 1 0 0 0 0
                                        0 0 となり, RB7 と RB6 は入力ビット, RB5〜
                                        RB0 は出力ビットになる
            MOVLW     05H             ; 05H を W レジスタに転送
            MOVWF     TRISA           ; W レジスタの内容(05H)をファイルレジスタ
                                        TRISA に転送. すると TRISA は 0 1 0 1 とな
                                        り, RA2 と RA0 は入力ビット, RA1 は出力ビッ
                                        トになる
            BCF       OPTION_REG,7    ; OPTION_REG レジスタのビット 7 をクリア(0)す
                                        る. この結果, PORTB の内蔵プルアップ抵抗を
                                        接続する
            BCF       STATUS,RP0      ; STATUS の RP0 をクリア(0)⇒バンク 0
            CLRF      PORTB           ; PORTB をクリア(0)
            CALL      TIMER08         ; 0.8s タイマサブルーチンをコールする
LOOP1
            MOVLW     0AH             ; 0AH を W レジスタに転送
            MOVWF     PORTB           ; W レジスタの内容(0AH)を PORTB に転送. ショ
                                        ベルドーザ前進
            BTFSS     PORTA,0         ; PORTA のビット 0(RA0)が "1", 超音波センサ
                                        ON なら, 次の命令をスキップする
            GOTO      A0              ; RA0 が "1" でないなら, ラベル A0 へ行く
            MOVLW     0FH             ; 0FH を W レジスタに転送
```

	MOVWF	PORTB	; Wレジスタの内容(0FH)をPORTBに転送．ショベルドーザ停止(ブレーキ)
	CALL	TIMER05	; 0.5s タイマサブルーチンをコールする
	MOVLW	25H	; 25HをWレジスタに転送
	MOVWF	PORTB	; Wレジスタの内容(25H)をPORTBに転送．ショベルドーザは後進し，ショベルを上昇させる
	CALL	TIMER30	; 3s タイマサブルーチンをコールする
	MOVLW	06H	; 06HをWレジスタに転送
	MOVWF	PORTB	; Wレジスタの内容(06H)をPORTBに転送．右旋回
	CALL	TIMER08	; 0.8s タイマサブルーチンをコールする
LOOP2			
	MOVLW	10H	; 10HをWレジスタに転送
	MOVWF	PORTB	; Wレジスタの内容(10H)をPORTBに転送．ショベル下降
	CALL	TIM20	; 20ms タイマサブルーチンをコールする
	BTFSC	PORTA,2	; PORTAのビット2(RA2)が"0"，上マイクロスイッチONなら，次の命令をスキップする
	GOTO	LOOP2	; RA2が"0"でないなら，ラベルLOOP2へ行く
	MOVLW	05H	; 05HをWレジスタに転送
	MOVWF	PORTB	; Wレジスタの内容(05H)をPORTBに転送．ショベルドーザ後進
	CALL	TIMER05	; 0.5s タイマサブルーチンをコールする
	MOVLW	09H	; 09HをWレジスタに転送
	MOVWF	PORTB	; Wレジスタの内容(09H)をPORTBに転送．左旋回
	CALL	TIMER08	; 0.8s タイマサブルーチンをコールする
	MOVLW	0AH	; 0AHをWレジスタに転送
	MOVWF	PORTB	; Wレジスタの内容(0AH)をPORTBに転送．ショベルドーザ前進
	CALL	TIMER05	; 0.5s タイマサブルーチンをコールする
	GOTO	LOOP1	; ラベルLOOP1へ行く
A0			
	BTFSC	PORTB,6	; PORTBのビット6(RB6)が"0"，右マイクロスイッチONなら，次の命令をスキップする
	GOTO	A1	; RB6が"0"でないなら，ラベルA1へ行く
	MOVLW	09H	; 09HをWレジスタに転送
	MOVWF	PORTB	; Wレジスタの内容(09H)をPORTBに転送．左旋回
	CALL	TIMER08	; 0.8s タイマサブルーチンをコールする
	GOTO	LOOP1	; ラベルLOOP1へ行く
A1			
	BTFSC	PORTB,7	; PORTBのビット7(RB7)が"0"，左マイクロスイッチONなら，次の命令をスキップする
	GOTO	A2	; RB7が"0"でないなら，ラベルA2へ行く

```
         MOVLW    06H         ; 06H を W レジスタに転送
         MOVWF    PORTB       ; W レジスタの内容(06H)を PORTB に転送．右旋
                                回
         CALL     TIMER08     ; 0.8s タイマサブルーチンをコールする
         GOTO     LOOP1       ; ラベル LOOP1 へ行く
A2
         MOVLW    02H         ; 02H を W レジスタに転送
         MOVWF    PORTA       ; W レジスタの内容(02H)を PORTA に転送．RA1
                                は "H"
         MOVLW    0AH         ; 0AH を W レジスタに転送
         MOVWF    PORTB       ; W レジスタの内容(0AH)を PORTA に転送．ショ
                                ベルドーザ前進
         CALL     TIM004      ; 4μs タイマサブルーチンをコールする
         CALL     TIM004      ; 4μs タイマサブルーチンをコールする
         NOP                  ; NOP(NO Operation)．何も行わないが，実行時
                                間はかかる
         NOP                  ; 以下，同様で時間調整をしている
         NOP
         NOP
         NOP
         NOP
         CLRF     PORTA       ; PORTA をクリア(0)．RA1 は "L"
         MOVLW    0AH         ; 0AH を W レジスタに転送
         MOVWF    PORTB       ; W レジスタの内容(0AH)を PORTB に転送．ショ
                                ベルドーザ前進
         CALL     TIM004      ; 4μs タイマサブルーチンをコールする
         GOTO     LOOP1       ; ラベル LOOP1 へ行く
TIM004                        ; 4μs タイマ
         MOVLW    02H
         MOVWF    GPR_1
         NOP
TIMLP1   DECFSZ   GPR_1,F
         GOTO     TIMLP1
         RETURN
TIM04                         ; 0.4ms タイマ
         MOVLW    0F9H
         MOVWF    GPR_2
TIMLP2   NOP
         DECFSZ   GPR_2,F
         GOTO     TIMLP2
         RETURN
TIM20                         ; 20ms タイマ
         MOVLW    032H
         MOVWF    GPR_3
```

```
TIMLP3   CALL     TIM04
         DECFSZ   GPR_3,F
         GOTO     TIMLP3
         RETURN
TIM100                        ; 100ms タイマ
         MOVLW    0F9H
         MOVWF    GPR_4
TIMLP4   CALL     TIM04
         DECFSZ   GPR_4,F
         GOTO     TIMLP4
         RETURN
TIMER05                       ; 0.5s タイマ
         MOVLW    05H
         MOVWF    GPR_5
TIMLP5   CALL     TIM100
         DECFSZ   GPR_5,F
         GOTO     TIMLP5
         RETURN
TIMER08                       ; 0.8s タイマ
         MOVLW    08H
         MOVWF    GPR_6
TIMLP6   CALL     TIM100
         DECFSZ   GPR_6,F
         GOTO     TIMLP6
         RETURN
TIMER30                       ; 3s タイマ
         MOVLW    01EH
         MOVWF    GPR_7
TIMLP7   CALL     TIM100
         DECFSZ   GPR_7,F
         GOTO     TIMLP7
         RETURN

         END                  ; プログラムの終了をアセンブラに指示する
```

プログラムで使用した命令

BCF OPTION_REG, 7

OPTION_REGレジスタのビット7をクリア（0）する．

ビット7 $\overline{\text{RBPU}}$：ポートB（PORTB）プルアップ抵抗イネーブルビット PORTBの内蔵プルアップ抵抗を使う場合は0にする．使わない場合は1にする．

BCF（Bit Clear f）でOPTION_REGレジスタのビット7 $\overline{\text{RBPU}}$ を0にしたので，内蔵プルアップ抵抗を接続する．

■ タイマサブルーチンのタイマ時間の計算

(1) 4μsタイマ

図4.12は，4μsタイマのフローチャートと，各命令のサイクル数を示す．

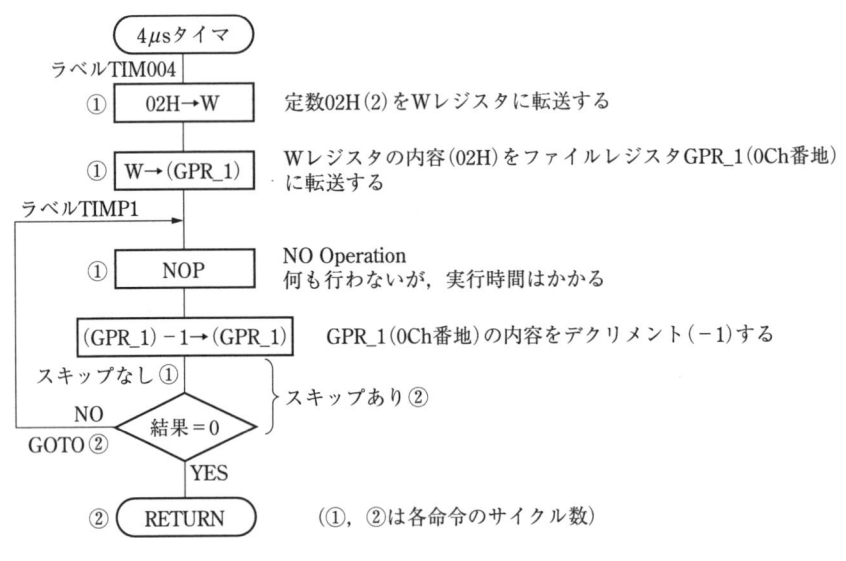

```
           4μsタイマ
ラベルTIM004
    ①   02H→W        定数02H(2)をWレジスタに転送する
    
    ①   W→(GPR_1)    Wレジスタの内容(02H)をファイルレジスタGPR_1(0Ch番地)
                      に転送する
ラベルTIMP1
    
    ①   NOP           NO Operation
                      何も行わないが，実行時間はかかる
    
       (GPR_1)-1→(GPR_1)   GPR_1(0Ch番地)の内容をデクリメント(-1)する
    
スキップなし①
    NO     結果=0     }スキップあり②
   GOTO②
           YES
    ②   RETURN        (①，②は各命令のサイクル数)
```

図4.12　4μsタイマ のフローチャート

4.6 アセンブリ言語によるショベルドーザ制御

全サイクル数は，次のようになる．
 MOVLW 02H で①
 MOVWF GPR_1 で①
    NOP で①
ラベル TIMLP1 と GOTO TIMLP1 のループで，
DECFSZ GPR_1, F で①（スキップなし）
GOTO TIMLP1 で②
(GPR_1) － 1 ＝ 0 になると，ループをぬけて RETURN へ行く．
ここで，最後のスキップありの DECFSZ GPR_1, F で②
RETURN で②
 全サイクル数 ＝ 1 ＋ 1 ＋ 1 ＋ 1 ＋ 2 ＋ 2 ＋ 2 ＝ 10
 タイマの時間 ＝ 10 × 0.4 μs ＝ 4 μs
       └1 命令の時間（図 2.20 参照）

5 インセクトの制御

タミヤのリモコン・インセクトは，DC モータ 2 個と各ギヤボックスが付いている．有線のリモートコントロールで，このインセクトは，前進・後進や左右の旋回が自由にできる．

本章のインセクトは，タミヤのリモコン・インセクトから有線のリモコン装置を取り外し，PIC16F84A と 3 組の光電スイッチ・マイクロスイッチなどを搭載した自立型ロボットである．制御回路基板の前と左右に 3 組の光電スイッチを設置し，後ろにはマイクロスイッチがある．このため，前後左右の障害物を避け，まるでスパイダーのごとく動きまわることができる．

5.1 インセクトの制御回路

図 5.1 は，タミヤのリモコン・**インセクト**（昆虫）に，PIC16F84A と 3 組の光電スイッチ・DC モータドライブ IC などを搭載した改造インセクトである．ここではリモコンは使用しない．

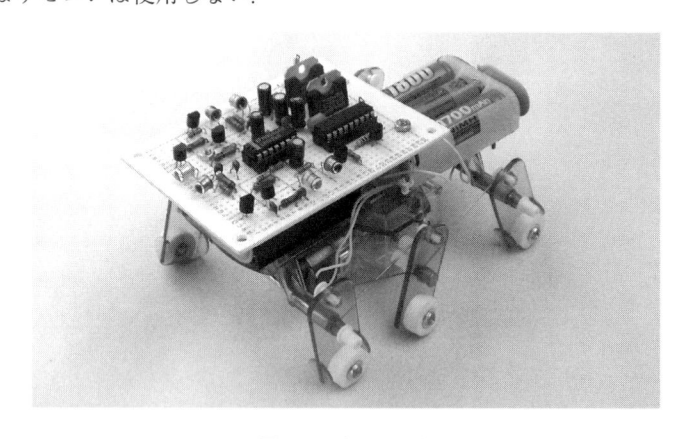

図 5.1　インセクト

このインセクトは，前後左右に6本足で動きまわる虫型ロボットで，右足用・左足用に，それぞれDCモータとギヤボックスをもっている．6本足の機構は，左右のギヤの回転で中足を動かし，その動きをリンクロッドで前後の足に伝えている．

障害物を検知するセンサとして，前と左右には，**赤外LED**と**フォトダイオード**による**光電スイッチ**を3組採用している．後ろには**マイクロスイッチ**がある．

電源スイッチONでインセクトは前進し，前方5～7cmの所に障害物があると作動している光電スイッチがONになり，インセクトは後進する．3秒間ほど後進すると1秒間右旋回をし，再び前進する．後進中に障害物にぶつかると，マイクロスイッチがONになり，前進に変わる．

同様にして，左の光電スイッチがONになると1秒間右旋回をし，右の光電スイッチがONになると1秒間左旋回をする．

図5.2に，インセクトの制御回路を示す．

ここで，変調投光回路と受光復調回路による光電スイッチについて見てみよう．

98   5 インセクトの制御

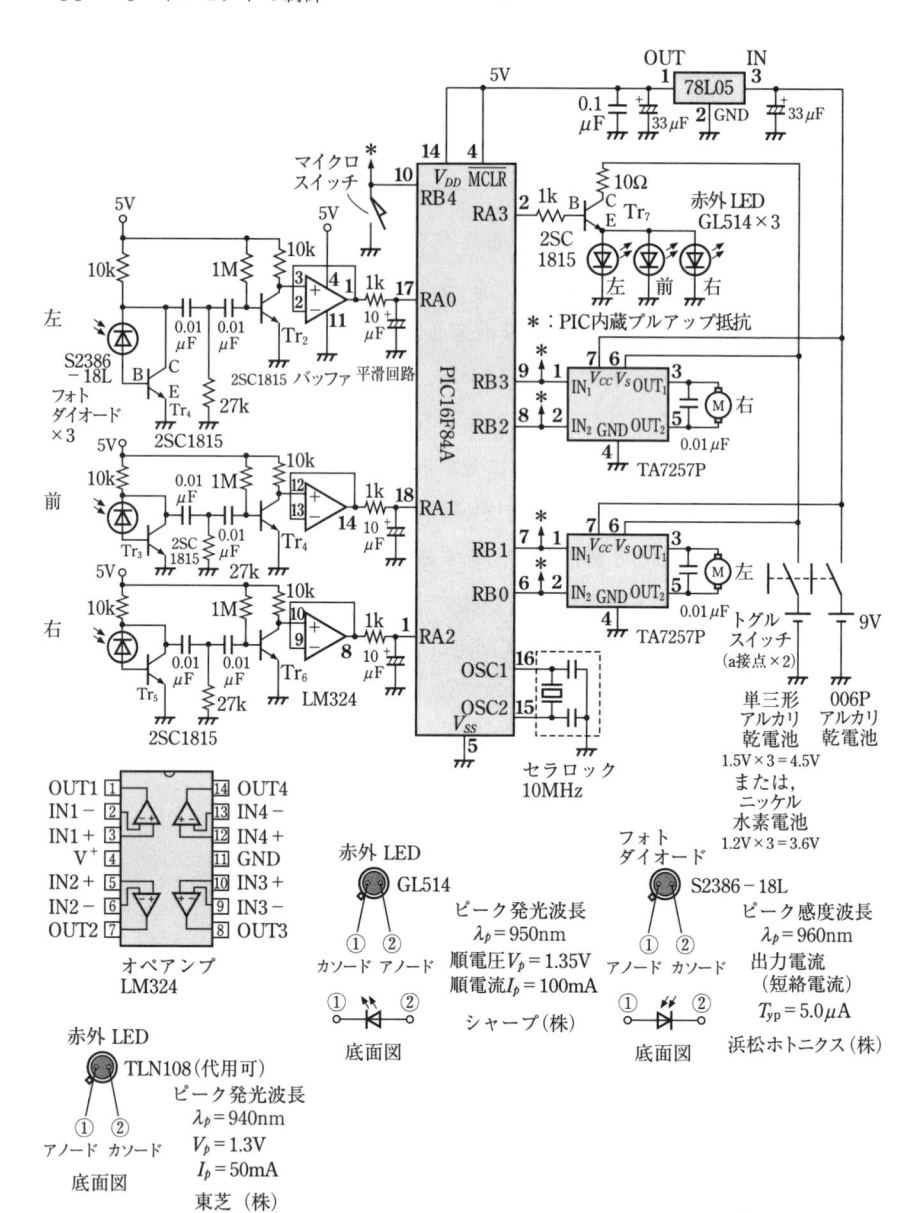

図 5.2　インセクト制御回路

● 変調投光回路と受光復調回路

変調投光回路と受光復調回路で光電スイッチを構成する．光電スイッチは，**投光器**（光源）と**受光器**を組み合わせ，光によって物体の有無を知るためのセンサ装置である．その基本原理は，図5.3に示すように透過型と反射型に分かれる．

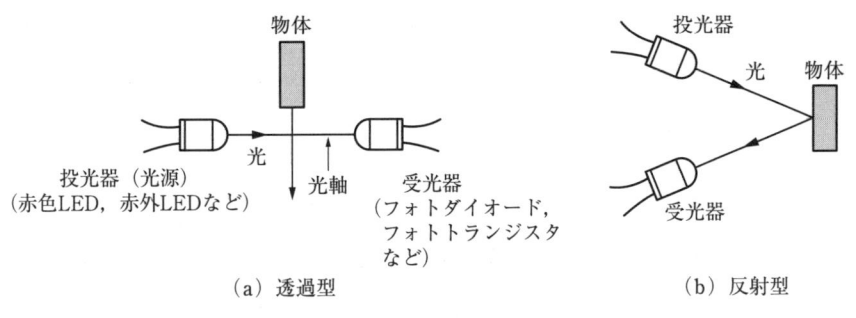

図5.3 光電スイッチの原理

図5.3(a)のように，**透過型**は投光器と受光器の光軸を一致させ，投光器からの光が受光器に届くようにしてある．光軸を物体が通過すると光がしゃ断され，物体の検出ができる．

図(b)のように，**反射型**は物体からの光の反射を利用して物体の検出をする．市販品の検出距離は20 cm，70 cm程度で，物体の色によっても異なる．図5.2のインセクト制御回路の光電スイッチは反射型であり，検出距離は平均で5〜7 cm程度である．

変調投光回路と受光復調回路による光電スイッチは，投光側光源（赤外LED）を特定周期の交流信号（パルス駆動）で変調し，受光側で**パルス信号**を復調する．この方式の光電スイッチは，赤外LEDに直流電流を流す直流方式の光電スイッチと比較して，次のような特徴がある．

① 投光側の赤外LEDを特定周期のパルスで点滅させるので，比較的大きな順電流を流すことができる．したがって，赤外LEDは強い光を放射し，検出距離を長くできる．また，受光側もパルス光を受光するので，回路の工夫によって検出距離を長くとれる．

② 受光側は周囲の光（外乱光）の影響を受けにくい．例えば，蛍光灯などの外乱光が存在しても，外乱光の周波数より高い周波数のパルス駆動なので，受光側は，信号光と外乱光の周波数（波長）の違いを利用して区別することができる．

図5.4は変調投光回路であり，PICのプログラムによって赤外LEDをパルス駆動させている．ここで，変調投光回路の動作原理を，実側値をもとに見てみよう．

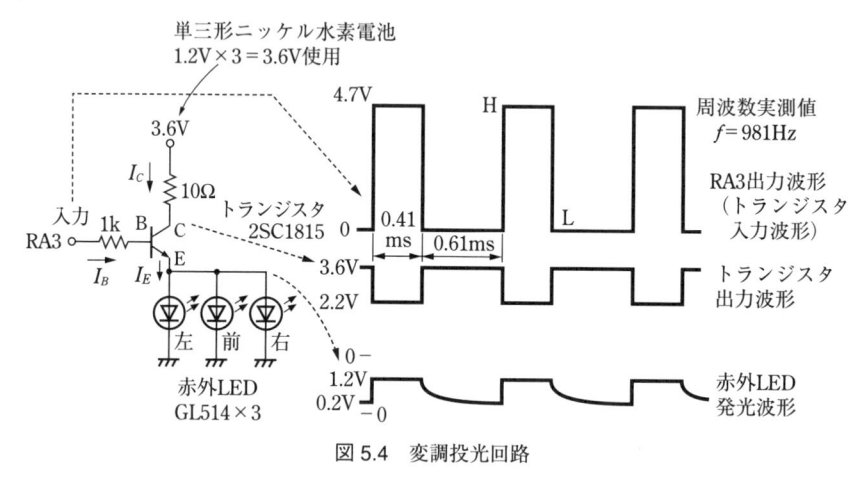

図5.4 変調投光回路

■ 回路の動作

① **変調投光回路**の入力端子はPICのRA3ピンに接続している．プログラムにより，"H"の時間 = 0.4ms，"L"の時間 = 0.6msのパルスがRA3出力になる．周波数カウンタによる周波数実測値 = 981Hz．

② この**パルス**が**トランジスタ**の入力電圧となり，入力が"H"のとき**ベース電流** I_B がベースに流れ，電流増幅された**コレクタ電流** I_C が10Ωの負荷抵抗に流れる．すると，$I_B + I_C$ が**エミッタ電流** I_E となって3つの赤外LEDに流れる．

③ トランジスタの出力波形から I_C を求めてみよう．

$$I_C = \frac{(3.6 - 2.2)}{10} = 0.14\text{A} = 140\text{mA}$$

④ 赤外 LED は，パルスの"H"，"L"の繰り返し，すなわち周波数に応じて点滅を繰り返し，その光エネルギーを放射する．

変調投光回路からのパルスをフォトダイオードで受光し，パルス光のある，なしを判定するのが，図 5.5 に示す**受光復調回路**である．この変調投光回路と受光復調回路による**反射型**の**光電スイッチ**の**検出距離**は，実測によると，光沢のある黒い物体で 2 cm，白い物体で 8 cm 程度である．なお，この検出距離は，赤外 LED とフォトダイオードの位置関係によって異なる．

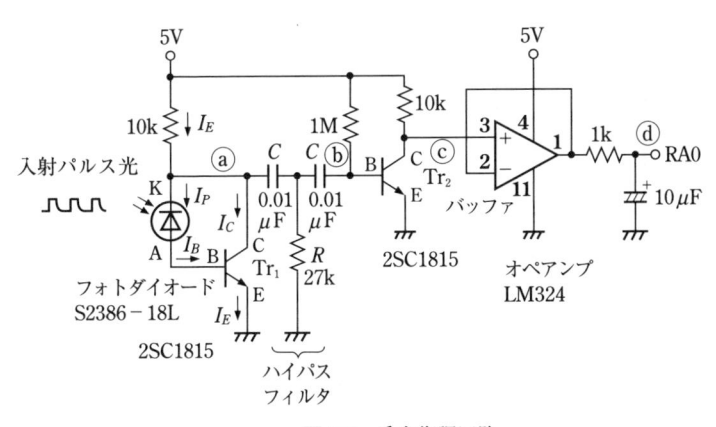

図 5.5 受光復調回路

ここで，受光復調回路の動作原理を，図 5.5 と図 5.6 に示す受光復調回路の各部の実測概略波形（白い物体の検出距離 8 cm）から見てみよう．

1.2V
0.2V
0⁻

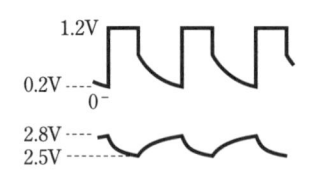

赤外LEDの
発光波形
　f=981Hz

2.8V
2.5V

ⓐ点
この波形のレベルは，周囲が明るいと下がる．
また，赤外LEDとフォトダイオードの位置に
よっても異なる．
物体が近づくと交流分の振幅は大きくなる．

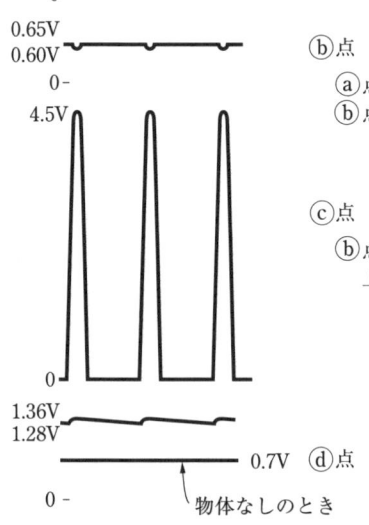

0⁻
0.65V
0.60V
0⁻
4.5V

ⓑ点
ⓐ点の波形の交流分の振幅が大きくなると，
ⓑ点の電位は下降し，0.6Vに近づいてくる．

ⓒ点
ⓑ点の電位が下がるに従い，ⓒ点の電位は
上昇してくる．

0⁻
1.36V
1.28V
　　　　0.7V　ⓓ点
0⁻　　　↑物体なしのとき

ⓓ点の電位が1.25V以上になると
PICのRA0に"H"信号が入力し
たことになる．物体なしのときは，
0.7Vで"L"とみなす．

〔注〕波形の測定時には，DCモータがまわらないように，DCモータの接続線を
　　　各1本はずしておくとよい．

図5.6　受光復調回路の各部の実測概略波形

■ 回路の動作

① **フォトダイオード**に**パルス光**が入射すると，**光起電力効果**によって微小な**光電流**I_Pがフォトダイオードに流れる．このI_PがトランジスタT_{r1}のベース電流I_Bとなり，電流増幅されたコレクタ電流I_Cがコレクタに流れる．

② I_B+I_Cは，エミッタ電流I_Eとなって10kΩの負荷抵抗に流れ，電圧降下によってⓐ点の電位を下げる．

③ 入射パルス光の周波数 f は 981Hz 程度であり，ⓐ点の電位は $f = 981$Hz で変動する．

④ **ハイパスフィルタ**の**しゃ断周波数** f_C は次式で与えられ，f_C 以上の周波数成分はハイパスフィルタを通過する．

$$f_C = \frac{1}{2\pi CR} = \frac{1}{2\pi \times 0.01 \times 10^{-6} \times 27 \times 10^3} = 589\text{Hz}$$

⑤ 入射パルス光のない場合，トランジスタ T_{r2} のベース・エミッタ間電圧 V_{BE} は約 0.65V であり，T_{r2} は ON 状態になっている．そこへⓐ点からの入力信号がくると，ⓑ点の電位は 0.65V から 0.60V に低下する．

⑥ すると，T_{r2} は OFF 状態となり，T_{r2} のコレクタ電位，すなわちⓒ点の電位は "L" から "H" になる．図 5.6 のⓒ点の波形を見ると，0 から 4.5V に立ち上がる．このようにして，ⓑ点の波形に応じてⓒ点に**パルス**が形成される．

⑦ このパルスを，**バッファ**を介して RC による**平滑回路**で平滑し，ⓓ点の平滑波形を得る．

⑧ 4 章の表 4.1 に示す PIC の I/O ポートの入力バッファの特性に従い，ⓓ点の電位が物体なしのときの 0.7V から 1.25V に達すると，PIC の RA0 ピンに "H" 信号が入力したことになる．

5.2 基板の製作

図 5.7 は，インセクトの制御回路基板である．

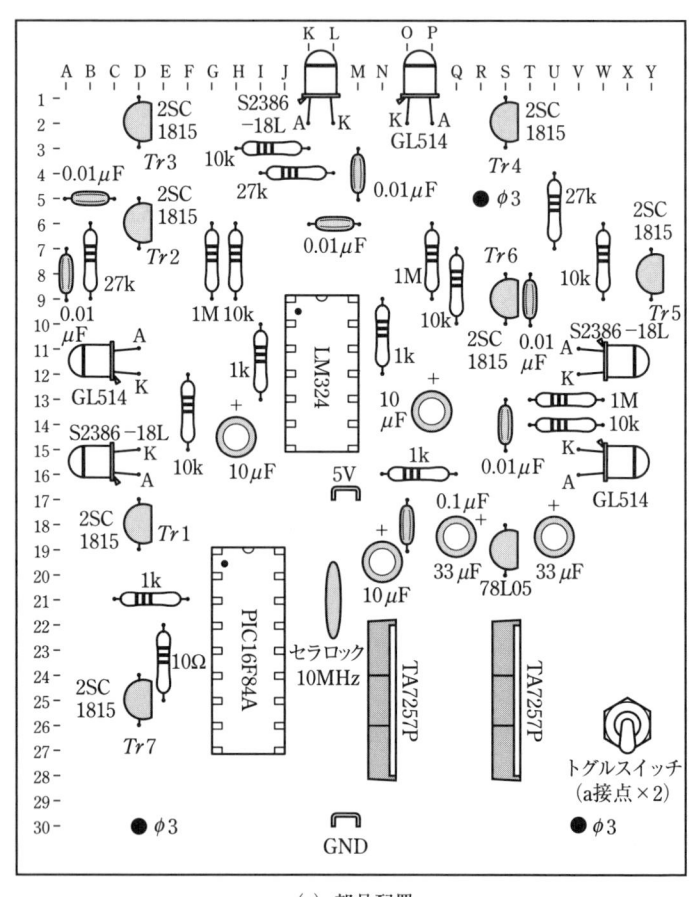

(a) 部品配置

(b) 裏面配線図

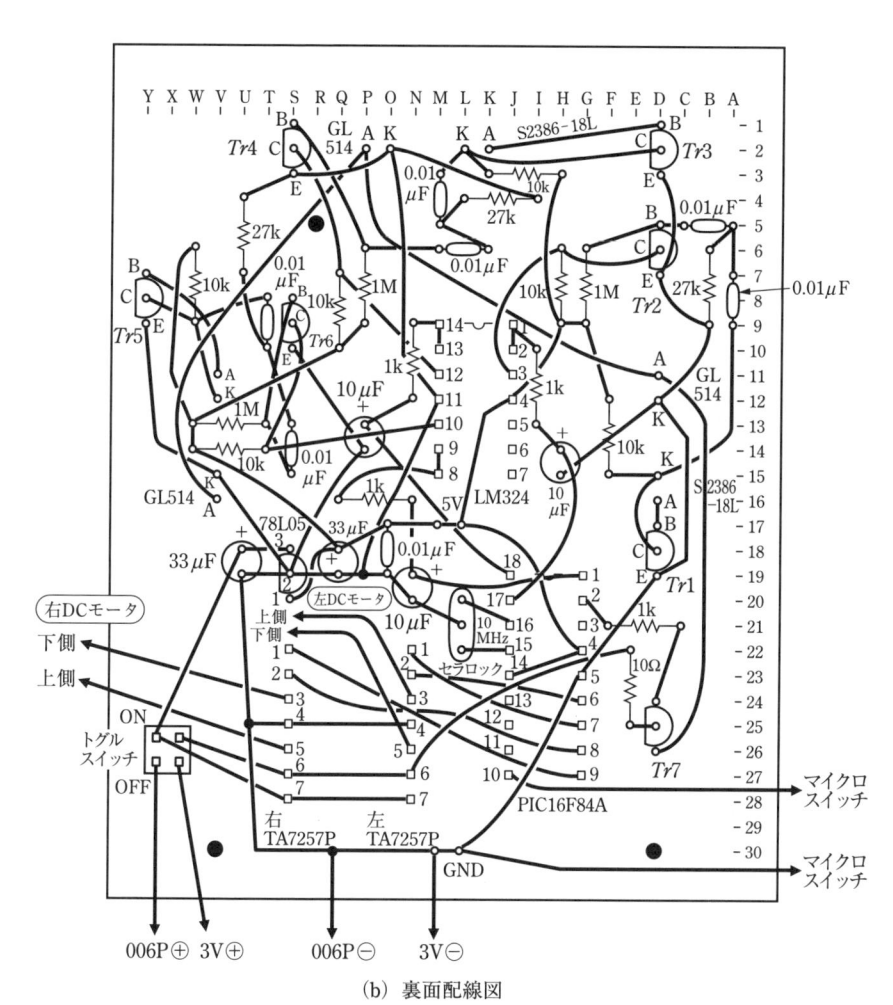

図 5.7 インセクトの制御回路基板

5.3 穴あけ加工と部品の固定

図5.8に，インセクトの穴あけ加工と部品の固定を示す．

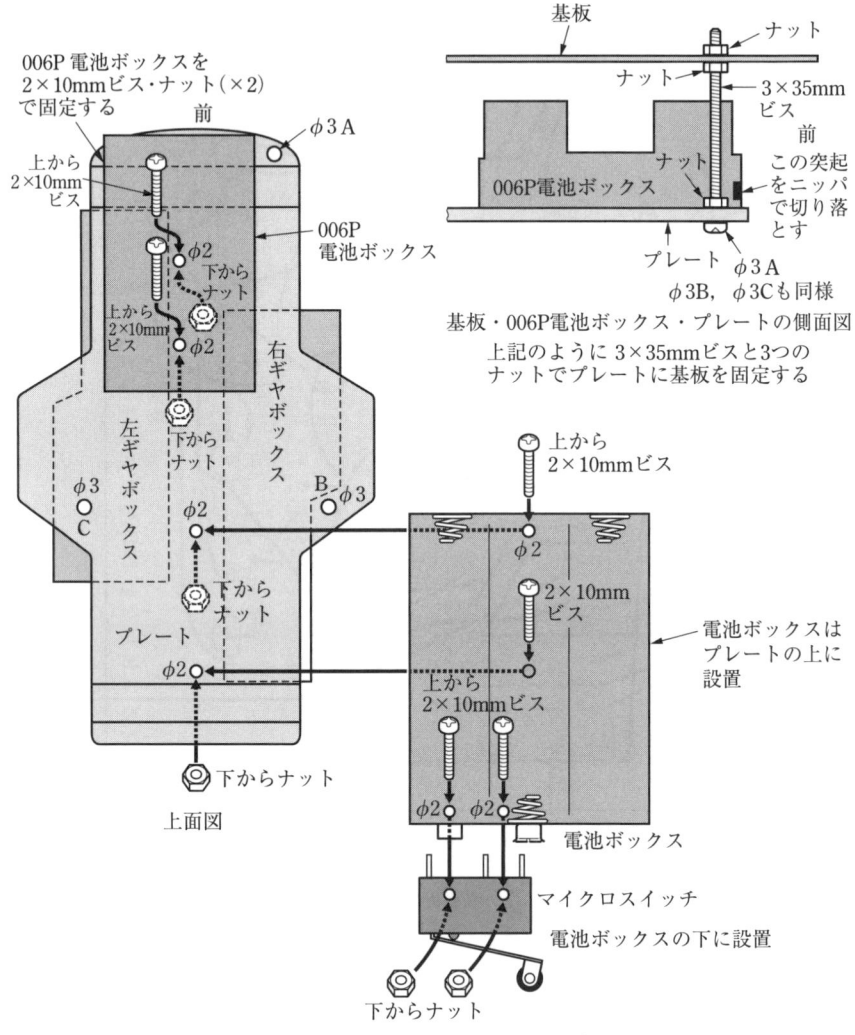

図5.8 穴あけ加工と部品の固定

5.4 インセクトの部品

表5.1は，インセクトの部品である．

表5.1 インセクトの部品

部　品	型　番	規格等		個数	メーカ	備　考
PIC	PIC16F84A			1	マイクロチップテクノロジー	
オペアンプ	LM324			1		
ICソケット		18P		1		PIC用
		14P		1		オペアンプ用
5V低損失レギュレータ	2930L05	5V出力		1		78L05代用可
DCモータドライブIC	TA7257P			2	東芝	
赤外LED	GL514			3	シャープ	TLN108代用可
フォトダイオード	S2386-18L			3	浜松ホトニクス	
トランジスタ	2SC1815			7	東芝	同等品代用可
セラロック	CSTLS-G	10MHz　3本足		1	村田製作所	
抵抗		1M	1/4w	3		
		27k		3		
		10k		6		
		1k		4		
		10Ω		1		
電解コンデンサ		33μF	16V	2		
		10μF		3		
積層セラミックコンデンサ		0.1μF	50V	1		
		0.01μF		6		
セラミックコンデンサ		0.01μF	50V	2		
トグルスイッチ	MS-600	6P		1	ミヤマ	MS242, 245代用可
マイクロスイッチ	SS-1GLS-E-4			1	オムロン	同等品代用可
ユニバーサル基板	ICB-93			1	サンハヤト	
単三形乾電池		単三形アルカリ		3		単三形ニッケル水素電池代用可
単三形電池ボックス		平3本形		1		
アルカリ乾電池		006P（9V）		1		
006P電池ボックス				1		
電池プラグケーブル				2		電池スナップ
ビス・ナット		3×35 mm		各3		
		2×10 mm		各6		

ナット		3 mm	6		上記ナットと同じ
インセクト本体			1	タミヤ	
その他	リード線，すずめっき線など				

5.5　C言語によるインセクト制御

　図5.9は，C言語によるインセクト制御のフローチャートであり，そのプログラムをプログラム5.1に示す．

5.5 C言語によるインセクト制御

動き＼ポートB	RB3	RB2	RB1	RB0	16進表示
前　進	1	0	1	0	(0x0a)
後　進	0	1	0	1	(0x05)
右旋回	0	1	1	0	(0x06)
左旋回	1	0	0	1	(0x09)
停　止	1	1	1	1	(0x0f)

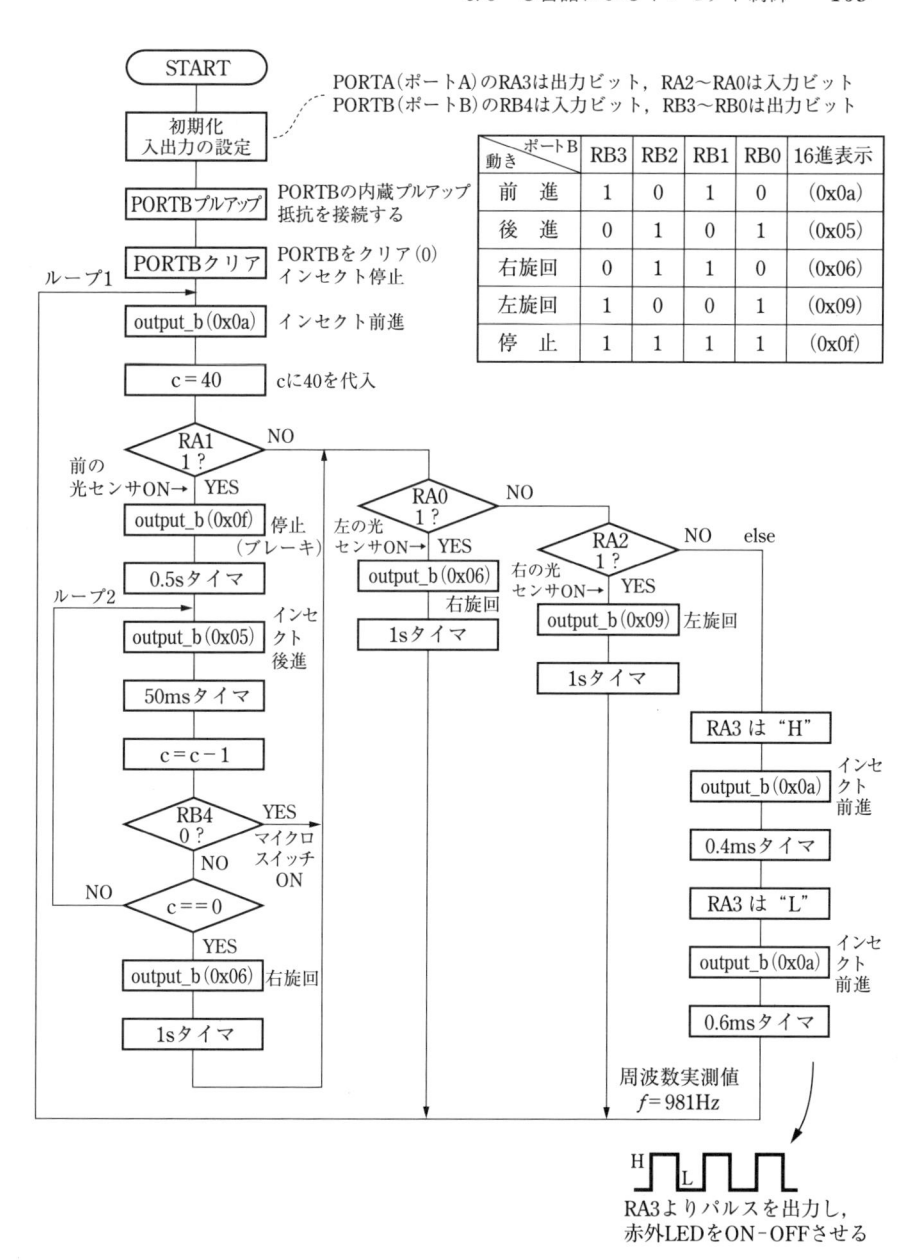

PORTA(ポートA)のRA3は出力ビット，RA2〜RA0は入力ビット
PORTB(ポートB)のRB4は入力ビット，RB3〜RB0は出力ビット

図 5.9　C言語によるインセクト制御のフローチャート

プログラム 5.1　C 言語によるインセクト制御

```
#include <16f84a.h>
#fuses HS,NOWDT,PUT,NOPROTECT
#use delay(clock=10000000)
main()
{
   int c;                                    …………………… c という int 型変数の定義
   port_b_pullups(true);   ……………… PORTB のに内蔵プルアップ抵抗を接続する
   output_b(0);            ……………………… PORTB をクリア(0)．インセクト停止
   while(1)                …………………………………………………………… ループ 1
   {                                         RB3 RB2 RB1 RB0
                                              ↓   ↓   ↓   ↓
      output_b(0x0a);      …………………… 1   0   1   0 (0x0a)．インセクト前進
      c=40;                ………………………………………………………… c に 40 を代入
      if(input(PIN_A1)==1) ……………………… RA1 は "1"，前の光センサ ON
      {                              RB3～RB0
                                    ⌒⌒⌒⌒⌒⌒
         output_b(0x0f);   ……………… 1 1 1 1 (0x0f)．インセクト停止(ブレーキ)
         delay_ms(500);    ……………………………………………………… 0.5s タイマ
         while(1)          ………………………………………………………… ループ 2
         {                                   RB3 RB2 RB1 RB0
                                              ↓   ↓   ↓   ↓
            output_b(0x05);   ……………… 0   1   0   1 (0x05)．インセクト後進
            delay_ms(50);     ……………………………………………………… 50ms タイマ
            c=c-1;            …………………………………………… c-1 の結果を c に代入
            if(input(PIN_B4)==0) …… RB4 は "0"，マイクロスイッチ ON なら break
               break;         ………………………… 文でループ 2 を脱出
            else if(c==0)     ………………………………………… c＝＝0 なら，次へ行く
            {                                RB3 RB2 RB1 RB0
                                              ↓   ↓   ↓   ↓
               output_b(0x06); ……………… 0   1   1   0 (0x06)．右旋回
               delay_ms(1000); …………………………………………………… 1s タイマ
               break;          ………………………………………………… ループ 2 を脱出
            }
         }
      }
      else if(input(PIN_A0)==1) …………………… RA0 は "1"，左の光センサ ON
      {
         output_b(0x06);   ……………………………………………………………… 右旋回
         delay_ms(1000);   ……………………………………………………………… 1s タイマ
      }
      else if(input(PIN_A2)==1) …………………… RA2 は "1"，右の光センサ ON
      {                                   RB3 RB2 RB1 RB0
                                           ↓   ↓   ↓   ↓
         output_b(0x09);   ……………………… 1   0   0   1 (0x09)．左旋回
         delay_ms(1000);   ……………………………………………………………… 1s タイマ
      }
      else
      {
```

```
            output_high(PIN_A3);      ……………………………………… RA3 は "H"
            output_b(0x0a);           ……………………………………… インセクト前進
            delay_us(400);            ……………………………………… 0.4ms タイマ
            output_low(PIN_A3);       ……………………………………… RA3 は "L"
            output_b(0x0a);           ……………………………………… インセクト前進
            delay_us(600);            ……………………………………… 0.6ms タイマ
        }
    }
}
```

RB3 よりパルスを出力し，赤外 LED を ON-OFF させる

● 解説

プログラム 5.1 は，**入出力ピン制御関数** input(pin)，output_b( )，output_high(pin)，output_low(pin) を使用している．また，入出力モード設定プリプロセッサ **# use fast_io (port)** を使用していないので，入出力モード設定命令は，入出力ピン制御関数を使用するたびに，CCS-C コンパイラによって自動追加される．このような場合，set_tris_a(0x07)；と set_tris_b(0x10)；の記述はなくてもよい．

5.6 アセンブリ言語によるインセクト制御

図 5.10 は，アセンブリ言語によるインセクト制御のフローチャートであり，そのプログラムをプログラム 5.2 に示す．

5 インセクトの制御

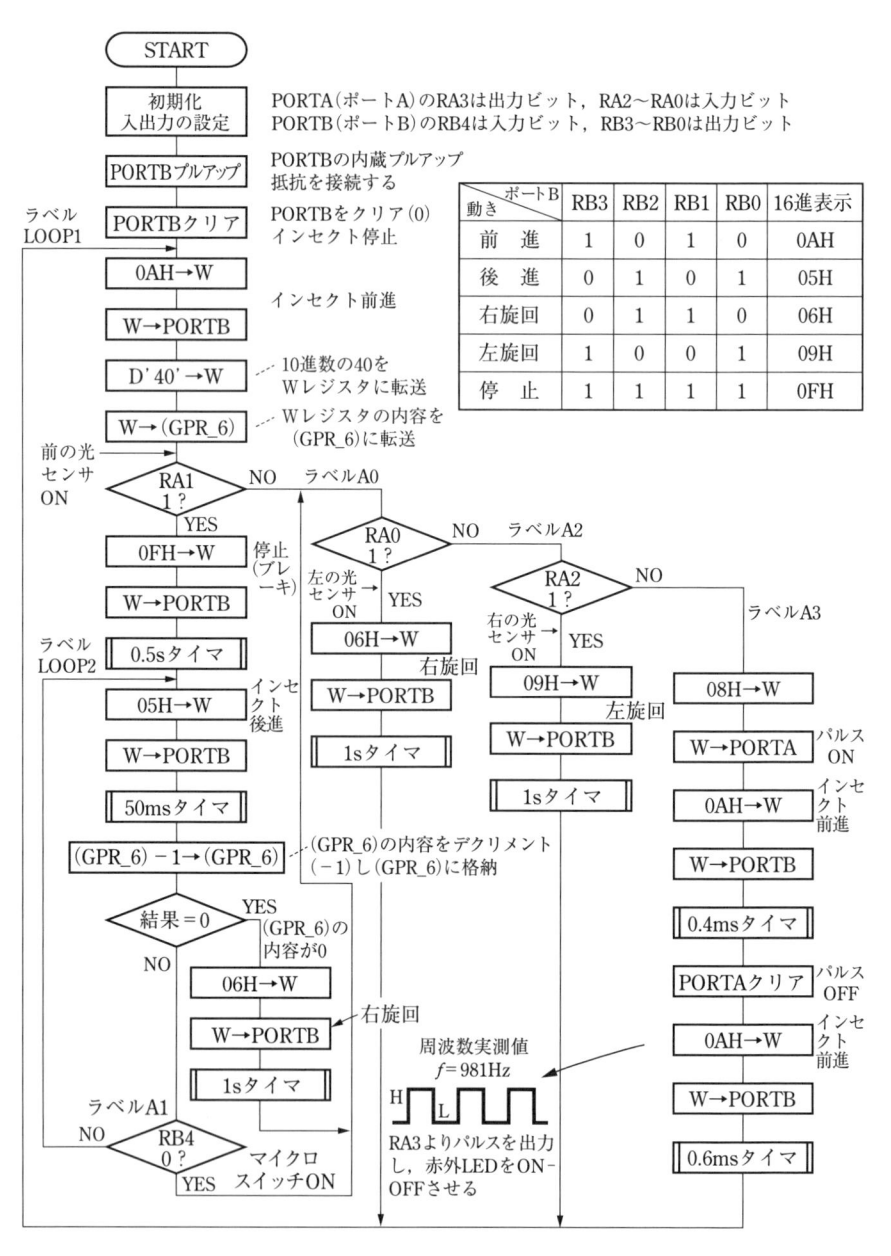

図 5.10 アセンブリ言語によるインセクト制御のフローチャート

[フローチャート本文]

- START
- 初期化 入出力の設定
  - PORTA（ポートA）のRA3は出力ビット，RA2〜RA0は入力ビット
  - PORTB（ポートB）のRB4は入力ビット，RB3〜RB0は出力ビット
- PORTBプルアップ … PORTBの内蔵プルアップ抵抗を接続する
- ラベルLOOP1：PORTBクリア … PORTBをクリア(0) インセクト停止
- 0AH→W
- W→PORTB … インセクト前進
- D'40'→W … 10進数の40をWレジスタに転送
- W→(GPR_6) … Wレジスタの内容を(GPR_6)に転送
- 前の光センサON：RA1 1?
  - YES: 0FH→W → W→PORTB → 停止（ブレーキ）
    - 0.5sタイマ
    - ラベルLOOP2：05H→W → W→PORTB → インセクト後進
    - 50msタイマ
    - (GPR_6)-1→(GPR_6) … (GPR_6)の内容をデクリメント(-1)し(GPR_6)に格納
    - 結果=0?
      - YES（(GPR_6)の内容が0）: 06H→W → W→PORTB → 右旋回 → 1sタイマ
      - NO → ラベルA1：RB4 0?（マイクロスイッチON）
        - YES へ
        - NO → LOOP2へ
  - NO → ラベルA0：RA0 1?
    - YES（左の光センサON）: 06H→W → W→PORTB → 右旋回 → 1sタイマ
    - NO → ラベルA2：RA2 1?
      - YES（右の光センサON）: 09H→W → W→PORTB → 左旋回 → 1sタイマ
      - NO → ラベルA3：08H→W → W→PORTA（パルスON インセクト前進） → 0AH→W → W→PORTB → 0.4msタイマ → PORTAクリア（パルスOFF インセクト前進） → 0AH→W → W→PORTB → 0.6msタイマ
- 周波数実測値 f=981Hz
- RA3よりパルスを出力し，赤外LEDをON-OFFさせる

ポートB 動き	RB3	RB2	RB1	RB0	16進表示
前 進	1	0	1	0	0AH
後 進	0	1	0	1	05H
右旋回	0	1	1	0	06H
左旋回	1	0	0	1	09H
停 止	1	1	1	1	0FH

5.6 アセンブリ言語によるインセクト制御

プログラム 5.2 アセンブリ言語によるインセクト制御

```
        LIST    P=PIC16F84A;  LIST宣言で使用するPICを16F84Aと定義する
        INCLUDE P16F84A.INC;   設定ファイルp16f84a.incを読み込む

        _ _CONFIG  _HS_OSC & _WDT_OFF & _PWRTE_ON & _CP_OFF
                            ; コンフィグレーションビットの設定(HSモード，
                              WDTなし，パワーアップタイマを使用，プロテク
                              トなし)
GPR_1   EQU     0CH         ; ファイルレジスタ0Ch番地をGPR_1と定義
GPR_2   EQU     0DH         ; 以下，同様に定義する
GPR_3   EQU     0EH
GPR_4   EQU     010H
GPR_5   EQU     011H
GPR_6   EQU     012H
        ORG     0           ; リセットベクタ(0番地)を指定する
MAIN
        BSF     STATUS,RP0  ; ファイルレジスタSTATUSのRP0(ビット5)を
                              セット(1)にする⇒バンク1
        MOVLW   010H        ; 010HをWレジスタに転送
        MOVWF   TRISB       ; Wレジスタの内容(010H)をファイルレジスタ
                              TRISBに転送．するとTRISBは1 0 0 0 0と
                              なり，RB4は入力ビット，RB3～RB0は出力ビ
                              ットになる
        MOVLW   07H         ; 07HをWレジスタに転送
        MOVWF   TRISA       ; Wレジスタの内容(07H)をファイルレジスタ
                              TRISAに転送．するとTRISAは0 1 1 1とな
                              り，RA3は出力ビット，RA2～RA0は入力ビッ
                              トになる
        BCF     OPTION_REG,7; OPTION_REGレジスタのビット7をクリア(0)す
                              る．この結果，PORTBの内蔵プルアップ抵抗を
                              接続する
        BCF     STATUS,RP0  ; STATUSのRP0をクリア(0)⇒バンク0
        CLRF    PORTB       ; PORTBをクリア(0)
LOOP1
        MOVLW   0AH         ; 0AHをWレジスタに転送
        MOVWF   PORTB       ; Wレジスタの内容(0AH)をPORTBに転送．イン
                              セクト前進
        MOVLW   D'40'       ; 10進数の40をWレジスタに転送
        MOVWF   GPR_6       ; Wレジスタの内容(40)をGPR_6に転送
        BTFSS   PORTA,1     ; PORTAのビット1(RA1)が"1"，前の光センサ
                              ONなら，次の命令をスキップする
        GOTO    A0          ; RA1が"1"でないなら，ラベルA0へ行く
        MOVLW   0FH         ; 0FHをWレジスタに転送
        MOVWF   PORTB       ; Wレジスタの内容(0FH)をPORTBに転送．イン
                              セクト停止(ブレーキ)
```

```
LOOP2   CALL    TIMER05     ; 0.5s タイマサブルーチンをコールする

        MOVLW   05H         ; 05H を W レジスタに転送
        MOVWF   PORTB       ; W レジスタの内容(05H)を PORTB に転送．イン
                            ; セクト後進
        CALL    TIM50       ; 50ms タイマサブルーチンをコールする
        DECFSZ  GPR_6,F     ; GPR_6 の内容をデクリメント(-1)する
        GOTO    A1          ; 結果が 0 でないなら，ラベル A1 へ行く
        MOVLW   06H         ; 結果が 0 なら，06H を W レジスタに転送
        MOVWF   PORTB       ; W レジスタの内容(06H)を PORTB に転送
        CALL    TIMER05     ; 0.5s タイマサブルーチンをコールする
        CALL    TIMER05     ; 0.5s タイマサブルーチンをコールする
        GOTO    A0          ; ラベル A0 へ行く
A1
        BTFSC   PORTB,4     ; PORTB のビット 4(RB4)が "0"，マイクロスイッ
                            ; チ ON なら，次の命令をスキップする
        GOTO    LOOP2       ; RB4 が "0" でないなら，ラベル LOOP2 へ行く
        GOTO    A0          ; ラベル A0 へ行く
A0
        BTFSS   PORTA,0     ; PORTA のビット 0(RA0)が "1"，左の光センサ
                            ; ON なら，次の命令をスキップする
        GOTO    A2          ; RA0 が "1" でないなら，ラベル A2 へ行く
        MOVLW   06H         ; 06H を W レジスタに転送
        MOVWF   PORTB       ; W レジスタの内容(06H)を PORTB に転送．右旋
                            ; 回
        CALL    TIMER05     ; 0.5s タイマサブルーチンをコールする
        CALL    TIMER05     ; 0.5s タイマサブルーチンをコールする
        GOTO    LOOP1       ; ラベル LOOP1 へ行く
A2
        BTFSS   PORTA,2     ; PORTA のビット 2(RA2)が "1"，右の光センサ
                            ; ON なら，次の命令をスキップする
        GOTO    A3          ; RA2 が "1" でないなら，ラベル A3 へ行く
        MOVLW   09H         ; 09H を W レジスタに転送
        MOVWF   PORTB       ; W レジスタの内容(09H)を PORTB に転送．左旋
                            ; 回
        CALL    TIMER05     ; 0.5s タイマサブルーチンをコールする
        CALL    TIMER05     ; 0.5s タイマサブルーチンをコールする
        GOTO    LOOP1       ; ラベル LOOP1 へ行く
A3
        MOVLW   08H         ; 08H を W レジスタに転送
        MOVWF   PORTA       ; W レジスタの内容(08H)を PORTA に転送．RA3
                            ; は "H"
        MOVLW   0AH         ; 0AH を W レジスタに転送
        MOVWF   PORTB       ; W レジスタの内容(0AH)を PORTB に転送．イン
                            ; セクト前進
        CALL    TIM04       ; 0.4ms タイマサブルーチンをコールする
```

5.6 アセンブリ言語によるインセクト制御

```
        CLRF    PORTA       ; PORTA をクリア(0). RA3 は "L"
        MOVLW   0AH         ; 0AH を W レジスタに転送
        MOVWF   PORTB       ; W レジスタの内容(0AH)を PORTB に転送. イン
                            セクト前進
        CALL    TIM02       ; 0.2ms タイマサブルーチンをコールする
        CALL    TIM04       ; 0.4ms タイマサブルーチンをコールする
        GOTO    LOOP1       ; ラベル LOOP1 へ行く
TIM02                       ; 0.2ms タイマ
        MOVLW   076H
        MOVWF   GPR_1
TIMLP1  NOP
        DECFSZ  GPR_1,F
        GOTO    TIMLP1
        RETURN
TIM04                       ; 0.4ms タイマ
        MOVLW   0F9H
        MOVWF   GPR_2
TIMLP2  NOP
        DECFSZ  GPR_2,F
        GOTO    TIMLP2
        RETURN
TIM50                       ; 50ms タイマ
        MOVLW   076H
        MOVWF   GPR_3
TIMLP3  CALL    TIM04
        DECFSZ  GPR_3,F
        GOTO    TIMLP3
        RETURN
TIM100                      ; 100ms タイマ
        MOVLW   0F9H
        MOVWF   GPR_4
TIMLP4  CALL    TIM04
        DECFSZ  GPR_4,F
        GOTO    TIMLP4
        RETURN
TIMER05                     ; 0.5s タイマ
        MOVLW   05H
        MOVWF   GPR_5
TIMLP5  CALL    TIM100
        DECFSZ  GPR_5,F
        GOTO    TIMLP5
        RETURN

        END                 ; プログラムの終了をアセンブラに指示する
```

6 赤外線リモコンによるインセクトの制御

　タミヤのリモコン・インセクトは，乾電池とスティックによる有線のリモートコントロールであるが，このスティックの裏の配線を変更し，PIC16F84Aと赤外LEDを使用した赤外線リモコン送信機に改造する．インセクトの制御回路基板には，PIC16F84Aと赤外線リモコン受信モジュールなどを搭載し，受信回路を作る．

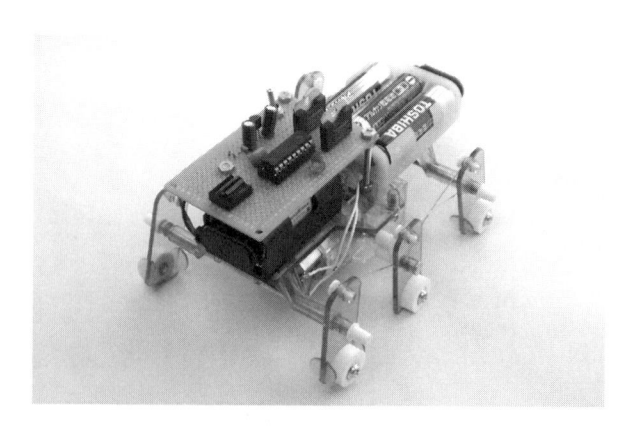

　本章の赤外線リモコン・インセクトは，タミヤのリモコン・インセクトに付属するスティックを改造し利用する．このため，スティックの操作で，インセクトの前進・後進や左右の旋回を自由にコントロールすることができる．

　本章では，身近に使われている赤外線リモコンの原理と，その技術を学ぶことにする．

6.1　赤外線リモコンの原理

　図6.1は，タミヤのリモコン・インセクト（昆虫）にPIC16F84Aと**赤外線リモコン受信モジュール**を搭載した改造インセクトである．また，リモコン・インセクトに付属する**スティック**を改造した**赤外線リモコン送信機**の外観を図6.2に示す．

図6.1　赤外線リモコン・インセクト

6.1 赤外線リモコンの原理   *117*

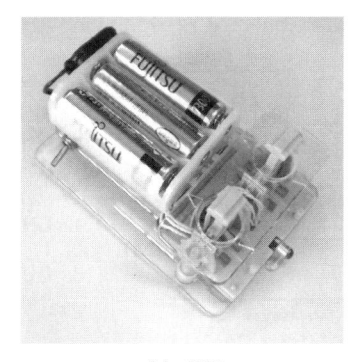

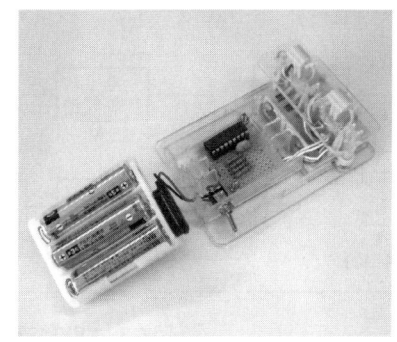

(a) 外観　　　　　　　(b) 内部

図 6.2　赤外線リモコン送信機

このインセクトは，赤外線通信を利用し，赤外線リモコン送信機のスティックの操作によって，前進，右旋回，左旋回，右折，左折，後進，後進の右折，後進の左折，停止が自由にできる．インセクトが動きまわることができる通信距離は 3〜4 m 程度である．

● **赤外 LED と赤外線リモコン受信モジュール** ──────────

赤外線リモコン送信機に使用する**赤外 LED** は，5 章のインセクトの制御で使用した **GL514** である．GL514 は，**ピーク発光波長** λ_P = 950nm で**近赤外線**を発光する．

光は電磁波の一種であり，人間の目は約 400（380）nm から 700（780）nm の波長範囲の光を感じる．これが**可視光線**であり，赤外線領域の中で，波長が 780nm から 1.5μm までの範囲を**近赤外線**と呼んでいる．λ_P = 950nm の光は近赤外線であり，人間の目には見えない．

赤外線リモコン受信モジュール CRVP1738 は，**キャリア周波数** 38kHz で点滅する波長 950nm 付近の赤外線にもっともよく反応するように作られている．

CRVP1738 は，**PIN ダイオード**による光検出器，プリアンプ，電圧制御回路，自動利得制御回路，バンドパスフィルタ，復調器などが 1 パッケージになっており，次のような仕様になっている．図 6.3 にブロック図を示す．

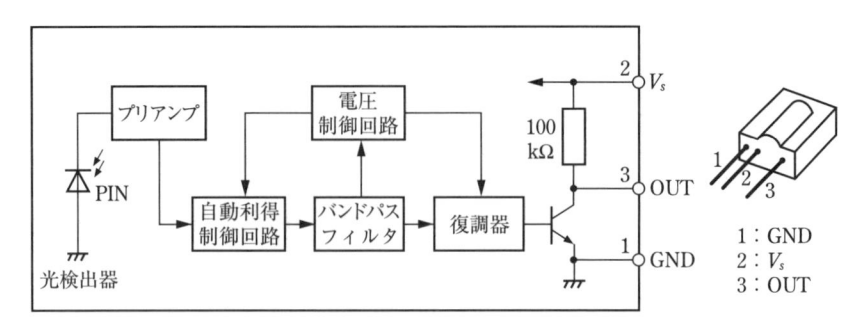

図 6.3　CRVP1738 のブロック図

- ●電源電圧 5V
- ●キャリア周波数 38kHz
- ●出力はアクティブロウ
- ●検出距離 35 m（IRdiode　TSIP5201, I_F = 400mA）
- ●指向性　± 45°

CRVP1738 は，赤外 LED **GL514** からの λ_P = 950nm の近赤外線を受光し，出力端子 OUT から "L" の信号を出力する．近赤外線を受光していないときは "H" の信号を出力する．このように，入力に対し出力が反転する出力方式を**出力アクティブロウ**（Output active low）という．

● **赤外線通信の送受信波形**

赤外線リモコン受信モジュール CRVP17..-シリーズは，表 6.1 に示すように

表 6.1　CRVP17..-シリーズのキャリア周波数

型	キャリア周波数
CRVP　1730	30 kHz
〃　1733	33 kHz
〃　1736	36 kHz
〃　1737	36.7 kHz
〃　1738	38 kHz
〃　1740	40 kHz
〃　1756	56 kHz

キャリア周波数が異なる．

CRVP1738 はキャリア周波数が 38kHz なので，赤外線通信を行う場合は，赤外 LED の点滅周波数を 38kHz の方形波にしておく必要がある．また，1 ビット当りの点滅の繰返し時間は，受信モジュールの標準的な値として 600 μs とする．これが**通信速度**：600 μs/bit である．つまり，"0" や "1" を送信するパルス幅は 600 μs になる．

図 6.4 は，赤外線通信の送受信波形である．図(a)において，赤外 LED から送信波形 "1" を送信する場合，赤外 LED は，周波数 f = 38kHz，周期 T = 26 μs で点滅し，この点滅を 23 回繰り返すと 600 μs 間 "1" を送信したことになる．"0" を送信する場合は，600 μs 間連続して赤外 LED を消灯させておけばよい．

受信モジュールが送信信号を受光すると，図(b)のように，**出力アクティブロウ**によって，送信波形が "1" の場合は，受信モジュールの出力波形は 600 μs の "0" になり，送信波形が "0" の場合は幅 600 μs の "1" になる．すなわち，

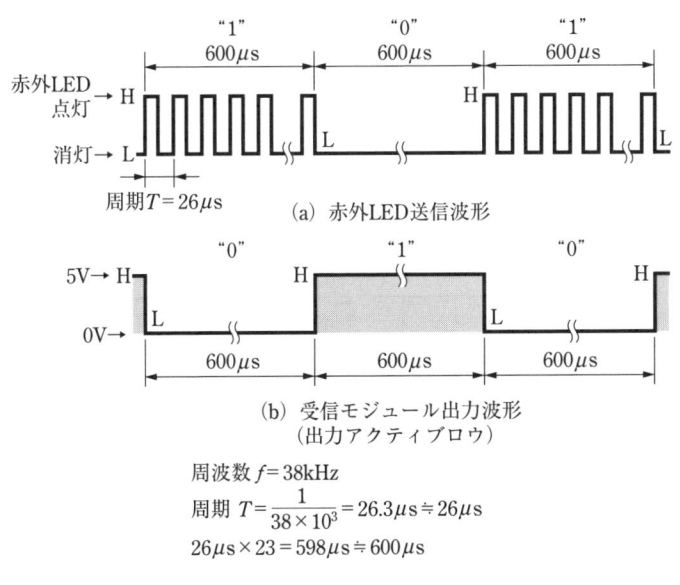

(a) 赤外LED送信波形

(b) 受信モジュール出力波形
　　（出力アクティブロウ）

周波数 f = 38kHz
周期 $T = \dfrac{1}{38 \times 10^3} = 26.3 \mu s \fallingdotseq 26 \mu s$
$26 \mu s \times 23 = 598 \mu s \fallingdotseq 600 \mu s$

図 6.4　赤外線通信の送受信波形

1個の方形波を形成する．このように，赤外 LED の f = 38kHz，時間 $600\mu s$ の点滅は，受信モジュール内の回路で反転・平滑化される．

● 送受信データの構成

図6.5は送信データであり，図6.6に出力アクティブロウになった受信データを示す．

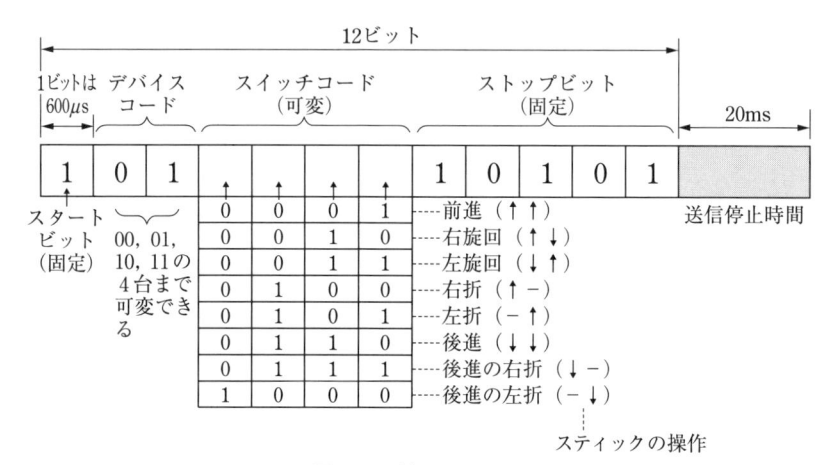

デバイスコード	スイッチコード	動作
1 01	0 0 0 1	前進（↑↑）
	0 0 1 0	右旋回（↑↓）
	0 0 1 1	左旋回（↓↑）
	0 1 0 0	右折（↑−）
	0 1 0 1	左折（−↑）
	0 1 1 0	後進（↓↓）
	0 1 1 1	後進の右折（↓−）
	1 0 0 0	後進の左折（−↓）

スタートビット（固定）：1ビットは $600\mu s$，12ビット，ストップビット（固定）：1 0 1 0 1，送信停止時間 20ms
デバイスコード 00, 01, 10, 11 の4台まで可変できる
スティックの操作

図6.5 送信データ

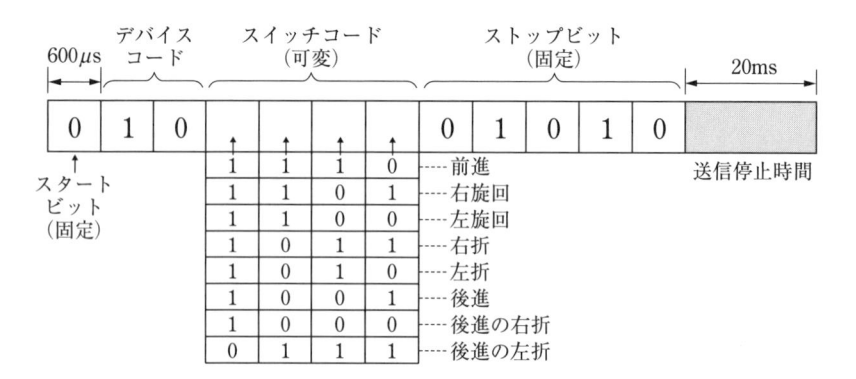

デバイスコード	スイッチコード	動作
0 10	1 1 1 0	前進
	1 1 0 1	右旋回
	1 1 0 0	左旋回
	1 0 1 1	右折
	1 0 1 0	左折
	1 0 0 1	後進
	1 0 0 0	後進の右折
	0 1 1 1	後進の左折

スタートビット（固定），$600\mu s$，ストップビット（固定）：0 1 0 1 0，送信停止時間 20ms

図6.6 受信データ

6.1 赤外線リモコンの原理 **121**

　図6.5において，1回の**送信データ**は12ビットで構成する．1ビットの送信時間は600μsで，12ビットの送信データを1回送信した後に，受信機側の誤動作を防ぐため，20msの送信停止時間を入れている．このため，1回の送信時間は600μs × 12 + 20ms = 27.2msになる．

　まず**スタートビット**の"1"を送信し，次の2ビットの**デバイスコード**（01）で，デバイスの識別データを送信する．続く4ビットの**スイッチコード**で，インセクトの前進，後進などの動作を決める．図に示す8つの動作がスイッチコードで決定する．そして，ノイズの影響による誤動作を防ぐために，5ビットの**ストップビット**（10101）を追加する．

　図6.6に示すように，受信機側では送信データが出力アクティブロウになるため，**受信データ**として，まず"0"のスタートビットを2回チェックする．そして，次のデバイスコード（10）でデバイスを識別する．

　続いて，4ビットのスイッチコードを，4ビット目，3ビット目，2ビット目，1ビット目の順に"0"か否かをチェックし，その結果をスイッチデータとして保存する．その後，ストップビットが"01010"と一致しているかどうかを判定する．この段階で，ストップビットが一致しない場合には，スイッチデータをクリア（0）にし，再びスタートビットのチェックに戻る．

　ストップビットが"01010"と一致すれば，送信データが正しく受信データとして受信されたことになり，保存されたスイッチデータの値に応じて8つのケースに分岐し，前進データ，右旋回データ，左旋回データ，……として8つのデータをPICのPORTBに出力する．

　PICのPORTBには2つのDCモータドライブICがあり，インセクトは，前進，右旋回，左旋回，右折，左折，後進，後進の右折，後進の左折，停止が自由にできる．

6.2 赤外線リモコン送信回路

図 6.7 は，赤外線リモコン送信回路である．タミヤのリモコン・インセクトに付属する**スティック**の裏の配線を図のように変更し，スティックの操作を等価的に，PBS_1〜PBS_4 の ON−OFF で表している．

送信回路は，プログラムにより，**赤外 LED** を 38kHz の周波数で点滅させるのだが，PIC16F84A の 1 ピンごとの**最大シンク電位**は 25mA であるため，赤外 LED の**順電流**を 4 つの 180Ω の抵抗で，ピン RA0〜RA3 に分流させている．RA3 は使用せず，3 つの抵抗でも構わない．RA0〜RA3 を "L" にすると，赤外 LED には順電流が流れ，"H" にすると電流は 0 になる．

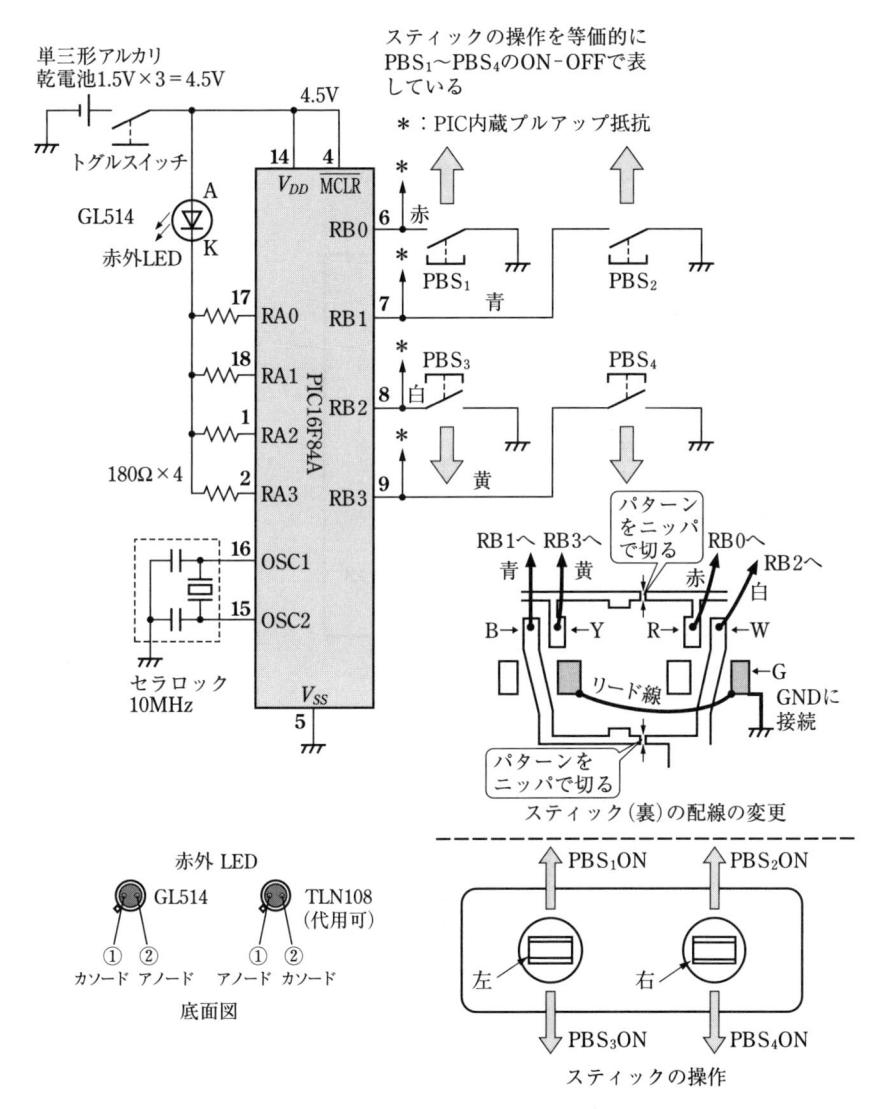

図 6.7 赤外線リモコン送信回路

124 6 赤外線リモコンによるインセクトの制御

6.3 送信回路基板の製作

図6.8は，赤外線リモコン送信回路基板である．

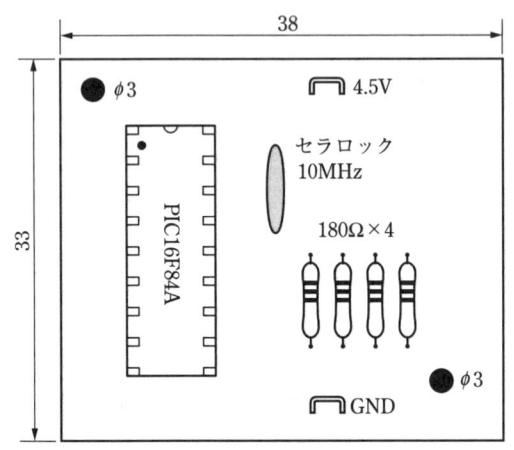

(a) 部品配置

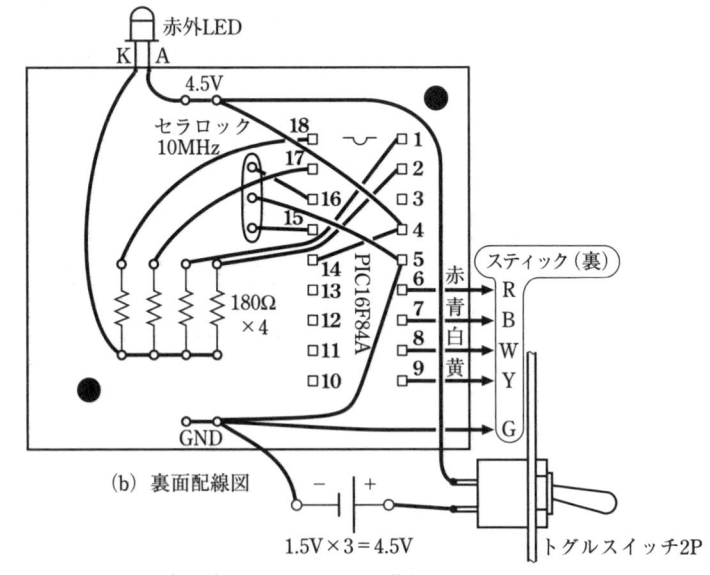

(b) 裏面配線図

図6.8 赤外線リモコン送信回路基板

6.4 送信回路の穴あけ加工と部品の固定

図6.9に，赤外線リモコン送信回路の穴あけ加工と部品の固定を示す．

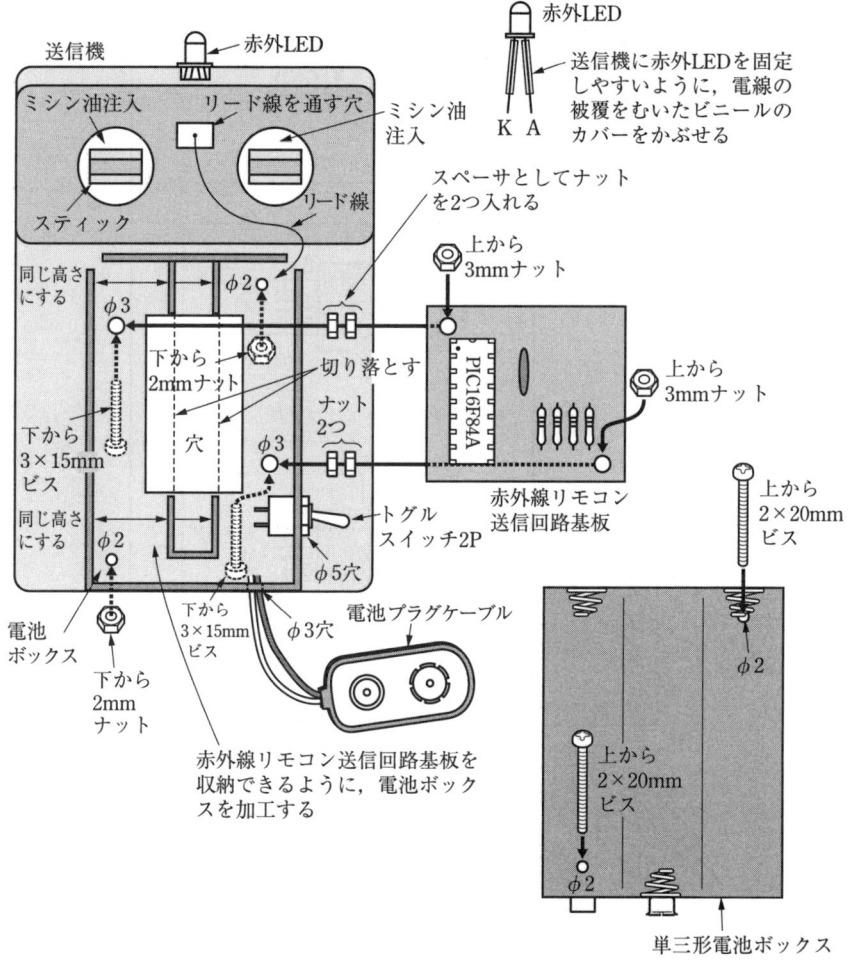

図6.9 赤外線リモコン送信回路の穴あけ加工と部品の固定

6.5 赤外線リモコン・インセクトの受信回路

図 6.10 は，赤外線リモコン・イノセントの受信回路である．

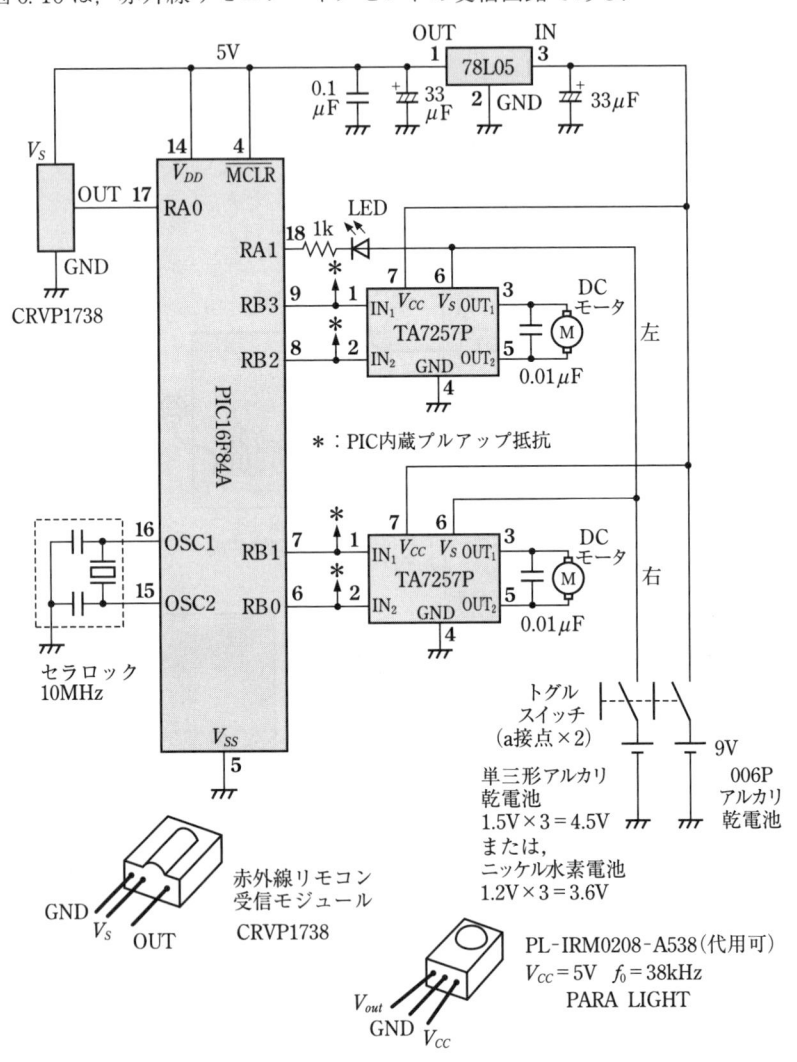

図 6.10　赤外線リモコン・インセクトの受信回路

6.6 受信回路基板の製作

図6.11は，赤外線リモコン・イノセクトの受信回路基板である．

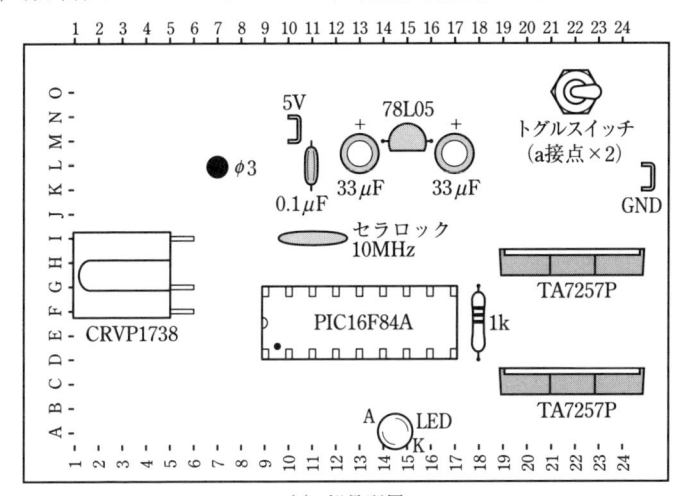

(a) 部品配置

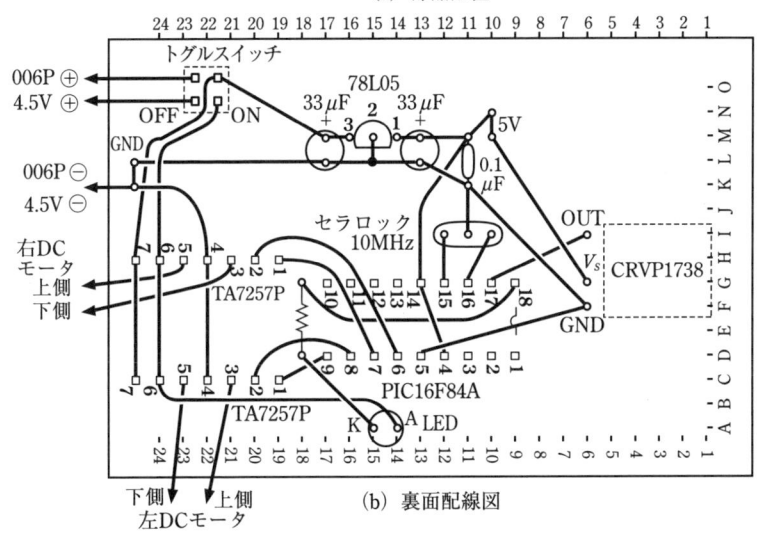

(b) 裏面配線図

図 6.11 赤外線リモコン・インセクトの受信回路基板

6.7　穴あけ加工と部品の固定

図6.12に，赤外線リモコン・インセクトの穴あけ加工と部品の固定を示す．

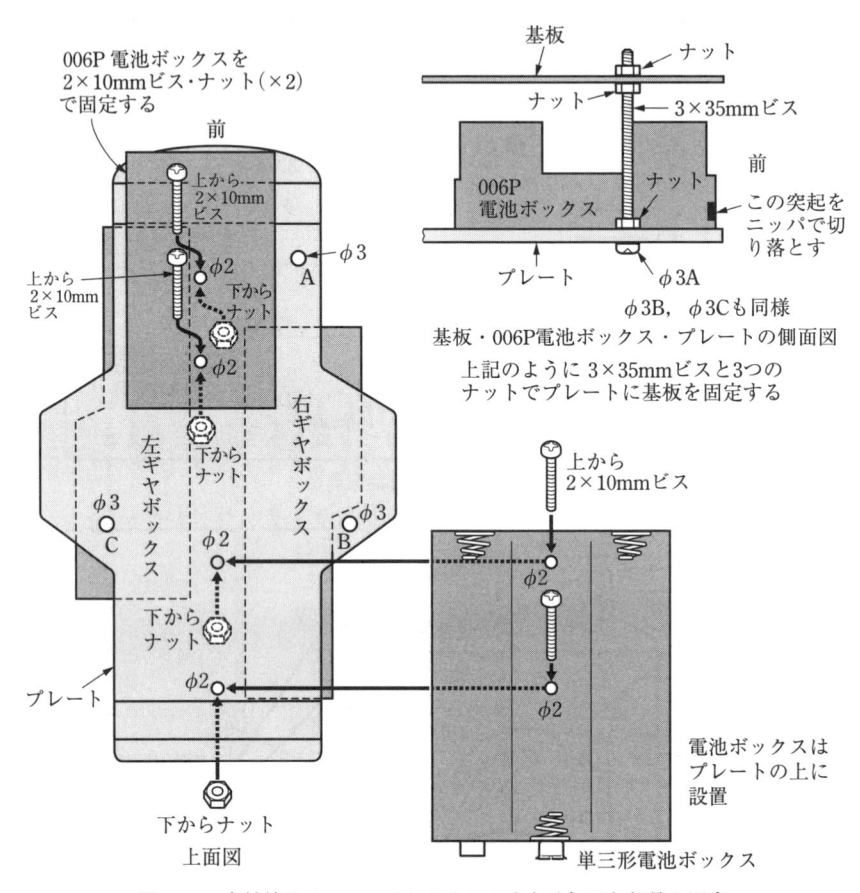

図6.12　赤外線リモコン・インセクトの穴あけ加工と部品の固定

6.8 赤外線リモコン送信回路と赤外線リモコン・インセクトの部品

表6.2は，赤外線リモコン送信回路の部品であり，表6.3に赤外線リモコン・インセクトの部品を示す．

表6.2 赤外線リモコン送信回路の部品

部 品	型 番	規格等		個数	メーカ	備 考
PIC	PIC16F84A			1	マイクロチップテクノロジー	
赤外LED	GL514			1	シャープ	TLN108代用可
ICソケット		18P		1		PIC用
セラロック	CSTLS-G	10MHz／3本足		1	村田製作所	
抵抗		180Ω	1/4w	4		
基板		38×33 mm		1	サンハヤト	ユニバーサル基板を加工
トグルスイッチ	MS-600	2P		1	ミヤマ	MS240, 243代用可
電池プラグケーブル				1		電池スナップ
スティック				1	タミヤ	付属品
単三形電池ボックス		平3本形		1		
単三形乾電池		単三形アルカリ		3		
ビス		3×15 mm		2		
		2×20 mm		2		
ナット		3 mm		6		
		2 mm		2		
その他		リード線，すずめっき線など				

表6.3 赤外線リモコン・インセクトの部品

部品	型番	規格等		個数	メーカ	備考
PIC	PIC16F84A			1	マイクロチップテクノロジー	
ICソケット		18P		1		PIC用
赤外線リモコン受信モジュール	CRVP1738	$f = 38\text{kHz}$		1		秋月電子 PL-IRM0208-A538 代用可
5V 低損失レギュレータ	2930L05	5V 出力		1		78L05 代用可
DC モータドライブ IC	TA7257P			2	東芝	
LED		$\phi 5$／赤		1		
セラロック	CSTLS-G	10MHz／3本足		1	村田製作所	
抵抗		1k	1/4w	1		
電解コンデンサ		$33\,\mu\text{F}$	16V	2		
積層セラミックコンデンサ		$0.1\,\mu\text{F}$	50V	1		
セラミックコンデンサ		$0.01\,\mu\text{F}$	50V	2		
トグルスイッチ	MS-600	6P		1	ミヤマ	MS242, 245 代用可
単三形乾電池		単三形アルカリ		3		ニッケル水素電池代用可
単三形電池ボックス		平3本形		1		
アルカリ乾電池	006P（9V）			1		
006P 電池ボックス				1		
電池プラグケーブル				2		電池スナップ
ビス		3×35 mm		3		
		2×10 mm		4		
ナット		3 mm		9		
		2 mm		4		
ユニバーサル基板	ICB-88			1	サンハヤト	
インセクト本体				1	タミヤ	
その他		リード線，すずめっき線など				

6.9 C言語による赤外線リモコン・インセクトの制御

6.9.1 C言語による赤外線リモコン送信回路

図6.13は，C言語による赤外線リモコン送信回路のフローチャートであり，そのプログラムをプログラム6.1に示す．

プログラム6.1 C言語による赤外線リモコン送信回路

```
#include <16f84a.h>
#fuses HS,NOWDT,PUT,NOPROTECT
#use delay(clock=10000000)
#byte port_a=5 ················· ファイルアドレス5番地はport_aで表す
void p1(); ······················ 関数p1は戻り値なしというプロトタイプ宣言
void p0(); ······················ 関数p0は戻り値なしというプロトタイプ宣言
main()
{
   int a;  ······················································ aというint型変数の定義
   set_tris_a(0); ·········································· PORTAはすべて出力ビットに設定
   set_tris_b(0x0f); ······································ PORTBのRB3～RB0は入力ビットに設定
   port_b_pullups(true); ································ PORTBの内蔵プルアップ抵抗を接続する
   while(1) ················································· ループ1
   {
     a=10; ··················································· aに10を代入
     switch(a) ·············································· switch～case文．aは式を表す
     {
        case 10: ············· 式a = 10のとき，次に続く実行単位を実行する
          if(input(PIN_B0)==0 && input(PIN_B1)==0) ··RB0は"0"かつRB1は
                                                     "0"，すなわち，PBS$_1$
                                                     ONかつPBS$_2$ONな
                                                     ら，次へ行く
          {
             p1(); ············································· スタートビット
             p0(); p1(); ····································· デバイスコード
             p0(); p0(); p0(); p1(); ······················ スイッチコード(前進)
             p1(); p0(); p1(); p0(); p1(); ················ ストップビット
             delay_ms(20); ································· 20msの送信停止時間
             a=20; ·········································· aに20を代入
             break; ········································· switchブロックから抜け出す
          }
                ここでp1();p0();は関数p1，p0を呼び出す．
```

```
case 20:                                                      式 a = 20
  if(input(PIN_B0)==0 && input(PIN_B3)==0)  ·· RB0 は "0" かつ RB3 は
                                              "0", すなわち, PBS₁ ON
                                              かつ PBS₄ ON なら, 次
  {                                           へ行く
    p1();
    p0(); p1();
    p0(); p0(); p1(); p0();  ·················· スイッチコード(右旋回)
    p1(); p0(); p1(); p0(); p1();
    delay_ms(20);
    a=30;  ·················································· a に 30 を代入
    break;
  }
case 30:                                                      式 a = 30
  if(input(PIN_B1)==0 && input(PIN_B2)==0)  ·· RB1 は "0" かつ RB2 は
                                              "0", すなわち, PBS₂,
                                              ON かつ PBS₃, ON な
  {                                           ら, 次へ行く
    p1();
    p0(); p1();
    p0(); p0(); p1(); p1();  ·················· スイッチコード(左旋回)
    p1(); p0(); p1(); p0(); p1();
    delay_ms(20);
    a=40;  ·················································· a に 40 を代入
    break;
  }
case 40:                                                      式 a = 40
  if(input(PIN_B0)==0)  ····· RB0 は "0", すなわち PBS₁ ON なら, 次へ行く
  {
    p1();
    p0(); p1();
    p0(); p1(); p0(); p0();  ···················· スイッチコード(右折)
    p1(); p0(); p1(); p0(); p1();
    delay_ms(20);
    a=50;  ·················································· a に 50 を代入
    break;
  }
case 50:                                                      式 a = 50
  if(input(PIN_B1)==0)  ···· RB1 は "0", すなわち PBS₂ ON なら, 次へ行く
  {
    p1();
    p0(); p1();
    p0(); p1(); p0(); p1();  ···················· スイッチコード(左折)
    p1(); p0(); p1(); p0(); p1();
    delay_ms(20);
    a=60;  ·················································· a に 60 を代入
    break;
  }
```

```
      }
      case 60:                                              ……… 式a＝60
        if(input(PIN_B2)==0 && input(PIN_B3)==0) ‥ RB2は "0" かつRB3は
                                                    "0", すなわち, PBS₃
                                                    ON かつ PBS₄ ON な
        {                                                   ら, 次へ行く
          p1();
          p0(); p1();
          p0(); p1(); p1(); p0();             ……… スイッチコード(後進)
          p1(); p0(); p1(); p0(); p1();
          delay_ms(20);
          a=70;                                             ……… aに70を代入
          break;
        }
      case 70:                                              ……… 式a＝70
        if(input(PIN_B2)==0)  …… RB2は "0", すなわち PBS₃ ON なら, 次へ行く
        {
          p1();
          p0(); p1();
          p0(); p1(); p1(); p1();            ……… スイッチコード(後進の右折)
          p1(); p0(); p1(); p0(); p1();
          delay_ms(20);
          a=80;                                             ……… aに80を代入
          break;
        }
      case 80:                                              ……… 式a＝80
        if(input(PIN_B3)==0)  …… RB3は "0", すなわち PBS₄ ON なら, 次へ行く
        {
          p1();
          p0(); p1();
          p1(); p0(); p0(); p0();            ……… スイッチコード(後進の左折)
          p1(); p0(); p1(); p0(); p1();
          delay_ms(20);
          a=10;                                             ……… aに10を代入
          break;
        }
      default:         ………⋯ 押しボタンスイッチの ON-OFF 操作がなければ, switch
        break;         ………⋯ ブロックを抜け出す
    }
  }
}
void p1()                                                   ……… 関数 p1の本体
{
  int c;                                                    ……… cという int 型変数の定義
  c=23;                                                     ……… cに 23を代入
  while(1)                                                  ……… ループ 2
```

```
    {
        port_a=0;         ················· PORTA をクリア(0). 赤外 LED はすべて点灯.
                                              ここは output_a(0); とはしない
        delay_us(12);     ························································································· 12μs タイマ
        port_a=0x0f;      ················· 1 1 1 1(0x0f). 赤外 LED はすべて消灯.
                                              ここは output_a(0x0f); とはしない
        delay_us(11);     ························································································· 11μs タイマ
        c=c-1;            ··········································································· c-1 の結果を c に代入
        if(c==0)          ···························· c == 0 なら, break 文でループ 2 を脱出
            break;
    }
}
void p0()             ················································································ 関数 p0 の本体
{
    port_a=0x0f;      ········ 赤外 LED はすべて消灯. ここは output_a(0x0f); とはしない
    delay_us(600);    ······················································································ 600μs タイマ
}
```

6.9 C言語による赤外線リモコン・インセクトの制御

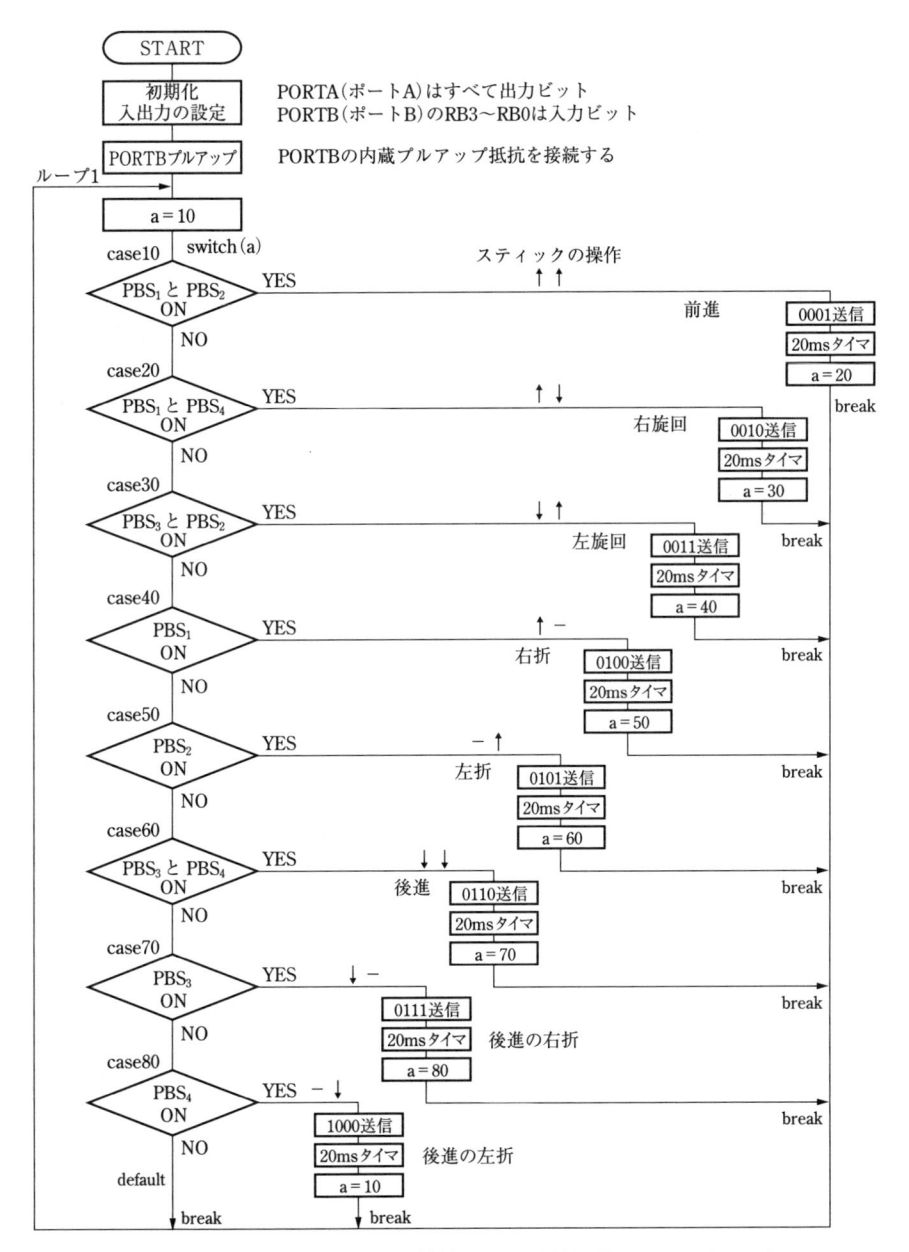

```
                    START
                      │
              ┌───────────────┐
              │   初期化       │   PORTA(ポートA)はすべて出力ビット
              │ 入出力の設定   │   PORTB(ポートB)のRB3〜RB0は入力ビット
              └───────────────┘
                      │
              ┌───────────────┐
ループ1       │ PORTBプルアップ│   PORTBの内蔵プルアップ抵抗を接続する
 ←───         └───────────────┘
                      │
                  ┌───────┐
                  │ a=10  │
                  └───────┘
 case10       switch(a)           スティックの操作
    ◇ PBS₁とPBS₂ ──YES──────── ↑↑ ─────────── 前進 ──[0001送信]──┐
       ON                                                      [20msタイマ]
       │NO                                                      [a=20]
 case20                                                         break
    ◇ PBS₁とPBS₄ ──YES──────── ↑↓ ─────────── 右旋回─[0010送信]──┐
       ON                                                      [20msタイマ]
       │NO                                                      [a=30]
 case30                                                         break
    ◇ PBS₃とPBS₂ ──YES──────── ↓↑ ─────────── 左旋回─[0011送信]──┐
       ON                                                      [20msタイマ]
       │NO                                                      [a=40]
 case40                                                         break
    ◇ PBS₁      ──YES──────── ↑−  ─────────── 右折 ─[0100送信]──┐
       ON                                                      [20msタイマ]
       │NO                                                      [a=50]
 case50                                                         break
    ◇ PBS₂      ──YES──────── −↑  ─────────── 左折 ─[0101送信]──┐
       ON                                                      [20msタイマ]
       │NO                                                      [a=60]
 case60                                                         break
    ◇ PBS₃とPBS₄ ──YES──────── ↓↓  ─────────── 後進 ─[0110送信]──┐
       ON                                                      [20msタイマ]
       │NO                                                      [a=70]
 case70                                                         break
    ◇ PBS₃      ──YES──────── ↓−  ──────[0111送信]─ 後進の右折──┐
       ON                                   [20msタイマ]
       │NO                                   [a=80]            break
 case80
    ◇ PBS₄      ──YES──────── −↓
       ON                       [1000送信]
       │NO                      [20msタイマ]  後進の左折
    default                     [a=10]
       │                          │
     break                      break
```

図6.13 C言語による赤外線リモコン送信回路のフローチャート

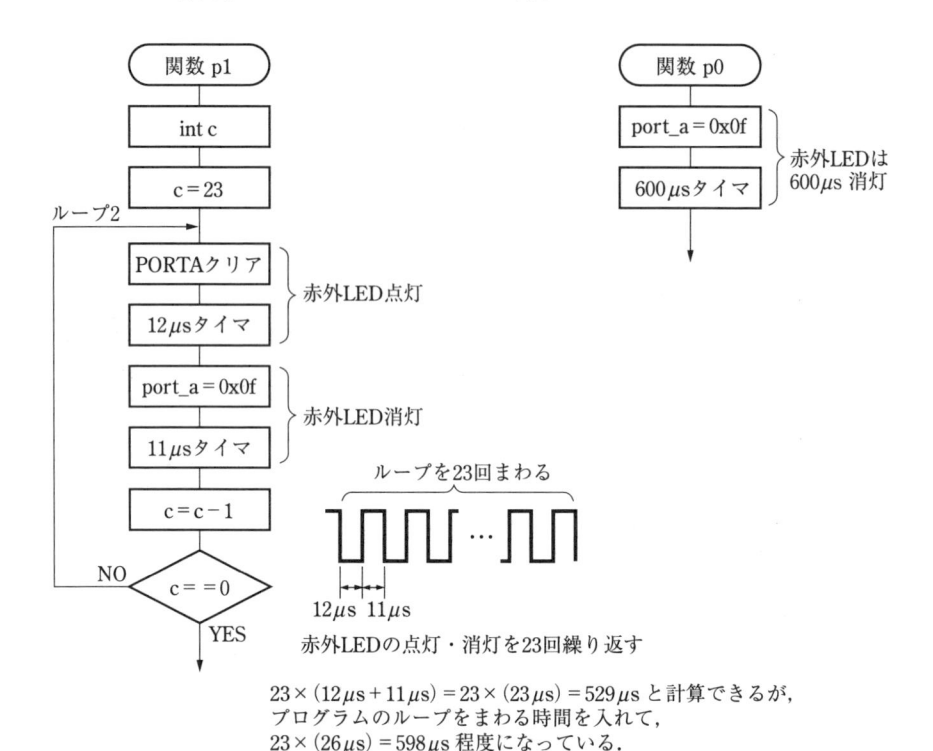

図6.13 C言語による赤外線リモコン送信回路のフローチャート（続き）

関数 p1 のフローチャート:
- int c
- c = 23
- ループ2:
  - PORTAクリア
  - 12μsタイマ } 赤外LED点灯
  - port_a = 0x0f
  - 11μsタイマ } 赤外LED消灯
  - c = c − 1
  - c == 0 ? NO→ループ2, YES→終了

関数 p0 のフローチャート:
- port_a = 0x0f
- 600μsタイマ } 赤外LEDは 600μs 消灯

ループを23回まわる
12μs 11μs
赤外LEDの点灯・消灯を23回繰り返す

$23 \times (12\mu s + 11\mu s) = 23 \times (23\mu s) = 529\mu s$ と計算できるが，プログラムのループをまわる時間を入れて，$23 \times (26\mu s) = 598\mu s$ 程度になっている．

●解説

図6.14 は，**switch ～ case 文**の書式とフローチャートである．プログラム6.1にあてはめると，式 a が 10 のとき，case 10 に続く実行単位を実行する．スティックの操作により，PBS_1 と PBS_2 が ON であれば，関数 p1・p0 を次々にコールし"0001"を送信する．その後 a に 20 を代入し，case 20 に分岐するが，スティックによる押しボタンスイッチの ON-OFF 操作がなければ，**default** の **break** 文により switch ～ case 文を脱出する．

```
switch（式）
{
  case 式1:
      実行文1;     ┐式が式1に
      ⋮             一致したとき
      break;        の実行単位1
  case 式2:
      実行文2;     ┐式が式2に
      ⋮             一致したとき
      break;        の実行単位2
  case 式3:
      実行文3;     ┐式が式3に
      ⋮             一致したとき
      break;        の実行単位3
  default:
      実行文       ┐上記のどれ
      ⋮             にもあては
                    まらないとき
                    の実行単位
}
```

書式

フローチャート

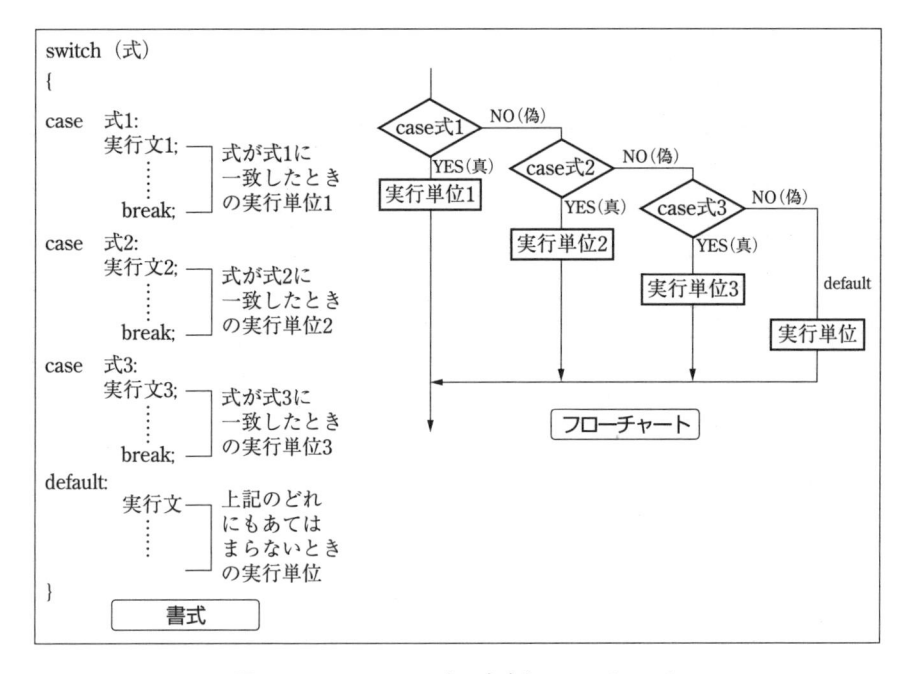

図 6.14　switch～case 文の書式とフローチャート

6.9.2　C言語による赤外線リモコン・インセクトの受信回路

図 6.15 は，C 言語による赤外線リモコン・インセクトの受信回路のフローチャートであり，そのプログラムをプログラム 6.2 に示す．

138　6　赤外線リモコンによるインセクトの制御

```
                    START
                      │
              ┌───────────────┐   PORTA(ポートA)のRA1は出力ビット,
              │  初期化       │   RA0は入力ビット
              │  入出力の設定 │   PORTB(ポートB)はすべて出力ビット
              └───────────────┘
                      │
              ┌───────────────┐   PORTBの内蔵プルアップ
   ループ1 ←─│ PORTBプルアップ│   抵抗を接続する
              └───────────────┘
                      │
              ┌───────────────┐   LED点灯
              │ RA1を"0"にする │   ループ2
              └───────────────┘         ───C
                      │
              ┌───────────────┐   インセクト停止
              │ PORTBクリア   │
              └───────────────┘
                      │
              ┌──────────────────┐
              │a,a4,a3,a2,a1をクリア│
              └──────────────────┘
                      │
        NO    ◇ RA0   ◇
       ←─────│  0 ?   │
              ◇       ◇ YES
                      │
              ┌───────────────┐
              │ 400μsタイマ   │
              └───────────────┘         スタートビットを
                      │                 2回チェック
        NO    ◇ RA0   ◇
       ←─────│  0 ?   │
              ◇       ◇ YES
                      │
              ┌───────────────┐
              │ 600μsタイマ   │
              └───────────────┘
                      │
        NO    ◇ RA0   ◇
       ←─────│  1 ?   │
              ◇       ◇ YES
                      │
              ┌───────────────┐
              │ 600μsタイマ   │   デバイスコード
              └───────────────┘    チェック
                      │
        NO    ◇ RA0   ◇
       ←─────│  0 ?   │
              ◇       ◇ YES
                      │
              ┌───────────────┐
              │ 600μsタイマ   │
              └───────────────┘
                      │                 ここからスイッチ
              ◇ RA0   ◇ NO             コードの読込み
              │  0 ?   │──→
   4       ◇       ◇ YES                    ↓
   ビ          │
   ッ  ┌───────────────┐
   ト  │   a4 = 8      │
   目  └───────────────┘
              │
       ┌───────────────┐
       │ 600μsタイマ   │
       └───────────────┘
              │
       ◇ RA0   ◇ NO
       │  0 ?   │──→
   3       ◇       ◇ YES
   ビ          │
   ッ  ┌───────────────┐
   ト  │   a3 = 4      │
   目  └───────────────┘
              │
       ┌───────────────┐
       │ 600μsタイマ   │
       └───────────────┘
              │
              A
```

```
              A
              │
        ◇ RA0   ◇ NO
        │  0 ?   │──→
   2    ◇       ◇ YES
   ビ          │
   ッ  ┌───────────────┐
   ト  │   a2 = 2      │
   目  └───────────────┘
              │
       ┌───────────────┐
       │ 600μsタイマ   │
       └───────────────┘
              │
        ◇ RA0   ◇ NO
        │  0 ?   │──→
   1    ◇       ◇ YES
   ビ          │
   ッ  ┌───────────────┐
   ト  │   a1 = 1      │
   目  └───────────────┘
              │
       ┌───────────────┐
       │ 600μsタイマ   │
       └───────────────┘
              │                        ここからストップ
                                       ビットの確認
  NO  ◇ RA0   ◇
 ←────│  0 ?   │              ) 0        ↓
      ◇       ◇ YES
              │
       ┌───────────────┐
       │ 600μsタイマ   │
       └───────────────┘
              │
  NO  ◇ RA0   ◇
 ←────│  1 ?   │              ) 1
      ◇       ◇ YES
              │
       ┌───────────────┐
       │ 600μsタイマ   │
       └───────────────┘
              │
  NO  ◇ RA0   ◇
 ←────│  0 ?   │              ) 0
      ◇       ◇ YES
              │
       ┌───────────────┐
       │ 600μsタイマ   │
       └───────────────┘
              │
  NO  ◇ RA0   ◇
 ←────│  1 ?   │              ) 1
      ◇       ◇ YES
              │
       ┌───────────────┐
       │ 600μsタイマ   │
       └───────────────┘
              │
  NO  ◇ RA0   ◇
 ←────│  0 ?   │              ) 0
      ◇       ◇ YES
              │
  ┌─────────────────────┐
  │ a = a4 + a3 + a2 + a1│
  └─────────────────────┘
              │
              B
```

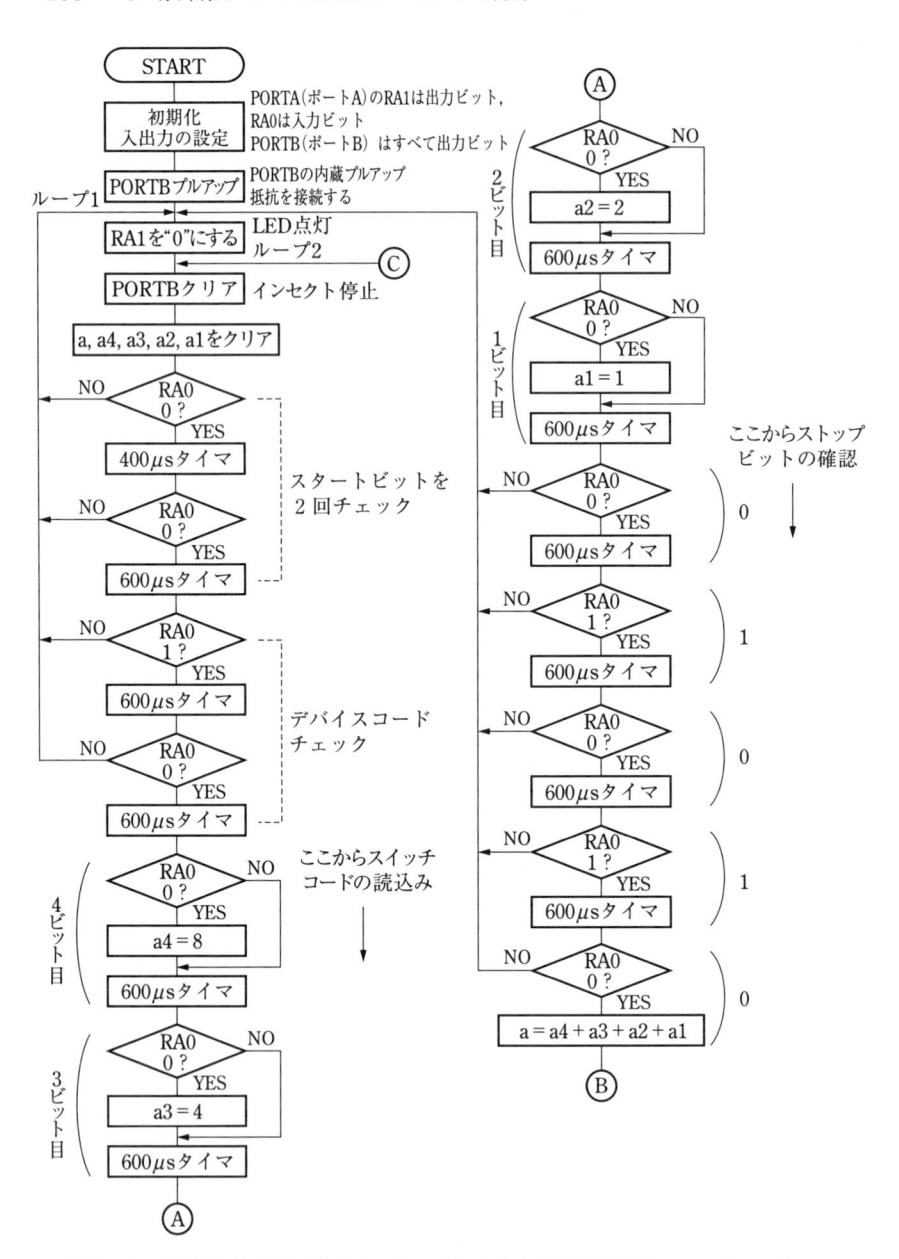

図6.15　C言語による赤外線リモコン・インセクトの受信回路のフローチャート

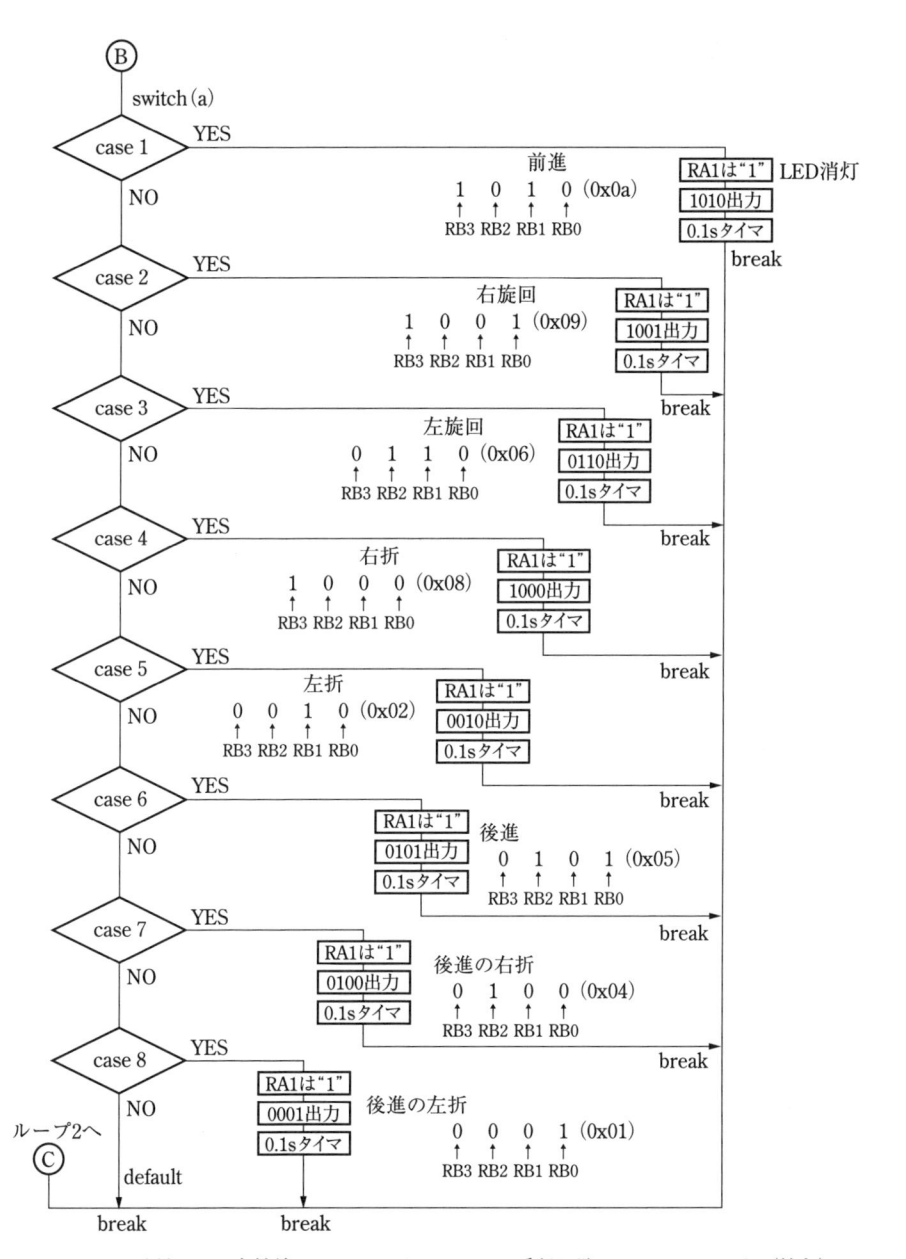

図 6.15 C言語による赤外線リモコン・インセクトの受信回路のフローチャート（続き）

プログラム 6.2　C 言語による赤外線リモコン・インセクトの受信回路

```
#include <16f84a.h>
#fuses HS,NOWDT,PUT,NOPROTECT
#use delay(clock=10000000)
main()
{
    int a,a4,a3,a2,a1;           ……………… a, a4, a3, a2, a1 という int 型変数の定義
    set_tris_a(0x01);            ……… RORTA の RA1 は出力ビット，RA0 は入力ビットに設定
    set_tris_b(0);               ………………………… PORTB はすべて出力ビットに設定
    port_b_pullups(true);        ………………… PORTB の内蔵プルアップ抵抗を接続する
    while(1)                     ……………………………………………………………………… ループ 1
    {
        output_low(PIN_A1);      ………………………… RA1 を "0" にする．LED 点灯
        while(1)                 ………………………………………………………………… ループ 2
        {
            output_b(0);         ………………………… PORTB クリア(0)．インセクト停止
            a=0; a4=0; a3=0; a2=0; a1=0;  ………… a, a4, a3, a2, a1 をクリア(0)
            if(input(PIN_A0)==0) ……… RA0 は "0"
                delay_us(400);   ……… 400μs タイマ
            else
                break;                                 RA0 は "0" かどうか．スタート
            if(input(PIN_A0)==0) ……… RA0 は "0"       ビットを 2 回チェックする．
                delay_us(600);   ……… 600μs タイマ     RA0 が "0" でなければ，break
            else                                        文でループ 2 を脱出
                break;
            if(input(PIN_A0)==1) ……………………………… デバイスコード 2 ビット目
                delay_us(600);   …………………………… RA0 は "1" なら，600μs タイマ
            else
                break;
            if(input(PIN_A0)==0) ……………………………… デバイスコード 1 ビット目
                delay_us(600);   …………………………… RA0 は "0" なら，600μs タイマ
            else
                break;
            if(input(PIN_A0)==0) ………………… ここからスイッチコードの読込み
                a4=8;            …………………………  4 ビット目．RA0 は "0" なら，a4 に 8 を代入
            delay_us(600);
            if(input(PIN_A0)==0) …………………  3 ビット目．RA0 は "0" なら，a3 に 4 を代入
                a3=4;
            delay_us(600);
            if(input(PIN_A0)==0) …………………  2 ビット目．RA0 は "0" なら，a2 に 2 を代入
                a2=2;
            delay_us(600);
            if(input(PIN_A0)==0) …………………  1 ビット目．RA0 は "0" なら，a1 に 1 を代入
                a1=1;
```

6.9 C言語による赤外線リモコン・インセクトの制御　**141**

```
delay_us(600);
if(input(PIN_A0)==0)            ............ ここからストップビットの確認
   delay_us(600);               ............ RA0は "0" なら，600μs タイマ
else
   break;
if(input(PIN_A0)==1)            ............ RA0は "1" なら，600μs タイマ
   delay_us(600);
else
   break;
if(input(PIN_A0)==0)            ............ RA0は "0" なら，600μs タイマ
   delay_us(600);
else
   break;
if(input(PIN_A0)==1)            ............ RA0は "1" なら，600μs タイマ
   delay_us(600);
else
   break;
if(input(PIN_A0)==0)            ............ RA0は "0" なら，aに a4 + a3 + a2 + a1
   a=a4+a3+a2+a1;               ............ の値を代入
else
   break;
switch(a)                       ............ switch ～ case 文．aは式を表す
{
   case 1:                      ............ 式 a = 1 のとき，次に続く実行単位を実行する
      output_high(PIN_A1);      ............ RA1は "1"，LED 消灯
      output_b(0x0a);           ............ インセクト前進
      delay_ms(100);            ............ 0.1s タイマ
      break;                    ............ switch ブロックから抜け出す
   case 2:                      ............ 式 a = 2
      output_high(PIN_A1);
      output_b(0x09);           ............ 右旋回
      delay_ms(100);
      break;
   case 3:                      ............ 式 a = 3
      output_high(PIN_A1);
      output_b(0x06);           ............ 左旋回
      delay_ms(100);
      break;
   case 4:                      ............ 式 a = 4
      output_high(PIN_A1);
      output_b(0x08);           ............ 右折
      delay_ms(100);
      break;
   case 5:                      ............ 式 a = 5
      output_high(PIN_A1);
      output_b(0x02);           ............ 左折
```

```
            delay_ms(100);
            break;
          case 6:                                    …………………………………………… 式a＝6
            output_high(PIN_A1);
            output_b(0x05);   ……………………………………………………… インセクト後進
            delay_ms(100);
            break;
          case 7:                                    …………………………………………… 式a＝7
            output_high(PIN_A1);
            output_b(0x04);   ……………………………………………………… 後進の右折
            delay_ms(100);
            break;
          case 8:                                    …………………………………………… 式a＝8
            output_high(PIN_A1);
            output_b(0x01);   ……………………………………………………… 後進の左折
            delay_ms(100);
            break;
          default:    …………… 式がどれにもあてはまらないとき，switch ブロック
          break;      …………      から抜け出す
       }
     }
   }
}
```

6.10 アセンブリ言語による赤外線リモコン・インセクトの制御

6.10.1 アセンブリ言語による赤外線リモコン送信回路

　図6.16は，アセンブリ言語による赤外線リモコン送信回路のフローチャートであり，そのプログラムをプログラム6.3に示す．

6.10 アセンブリ言語による赤外線リモコン・インセクトの制御

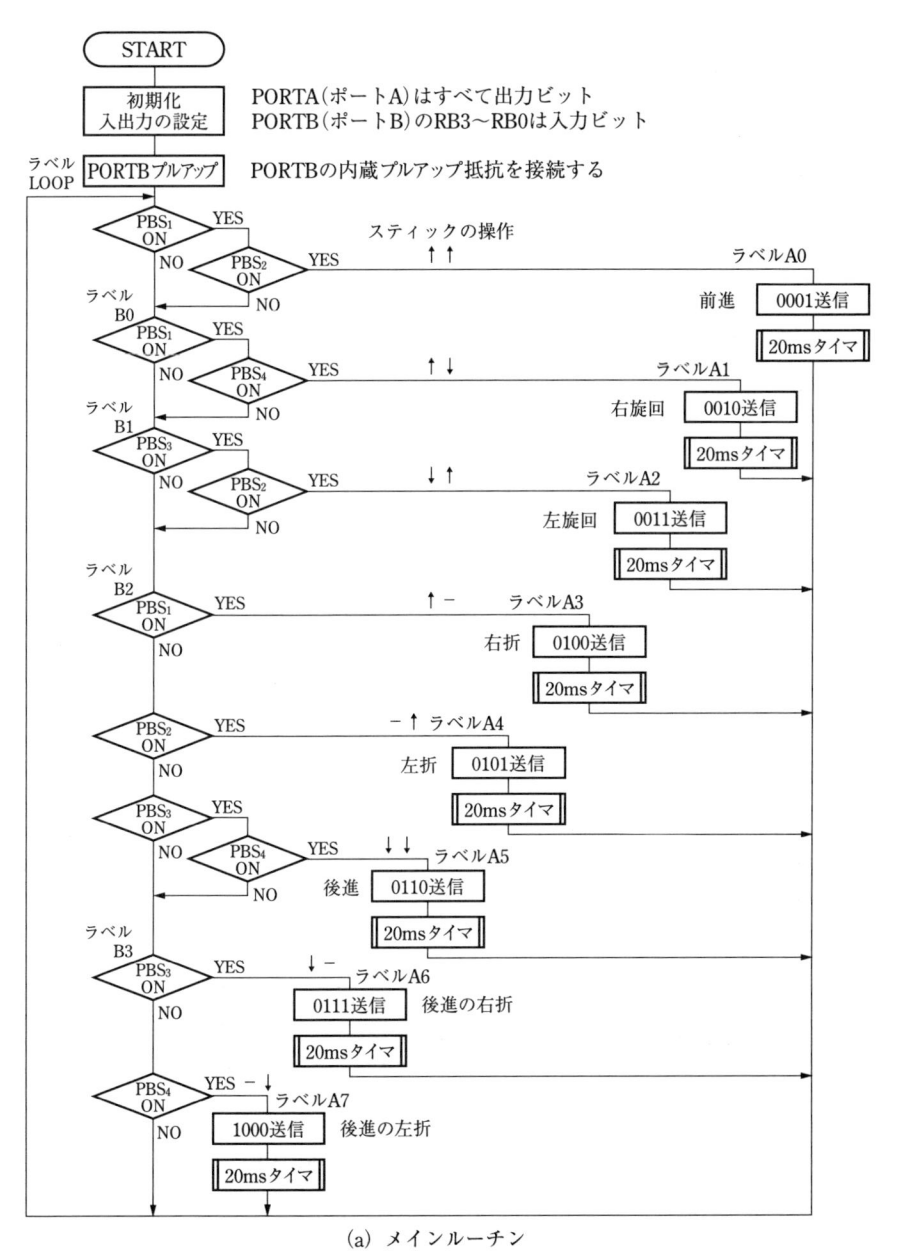

START

初期化 入出力の設定
- PORTA（ポートA）はすべて出力ビット
- PORTB（ポートB）のRB3～RB0は入力ビット

ラベルLOOP： PORTBプルアップ
- PORTBの内蔵プルアップ抵抗を接続する

- PBS₁ ON? YES → PBS₂ ON? YES → スティックの操作 ↑↑ → ラベルA0 前進 0001送信 → 20msタイマ
  - NO → ラベルB0
- PBS₁ ON? YES → PBS₄ ON? YES → ↑↓ → ラベルA1 右旋回 0010送信 → 20msタイマ
  - NO → ラベルB1
- PBS₃ ON? YES → PBS₂ ON? YES → ↓↑ → ラベルA2 左旋回 0011送信 → 20msタイマ
  - NO → ラベルB2
- PBS₁ ON? YES → ↑ − → ラベルA3 右折 0100送信 → 20msタイマ
  - NO
- PBS₂ ON? YES → − ↑ ラベルA4 左折 0101送信 → 20msタイマ
  - NO
- PBS₃ ON? YES → PBS₄ ON? YES → ↓↓ → ラベルA5 後進 0110送信 → 20msタイマ
  - NO → ラベルB3
- PBS₃ ON? YES → ↓ − ラベルA6 0111送信 後進の右折 → 20msタイマ
  - NO
- PBS₄ ON? YES → − ↓ ラベルA7 1000送信 後進の左折 → 20msタイマ
  - NO → LOOPへ戻る

(a) メインルーチン

図6.16　アセンブリ言語による赤外線リモコン送信回路のフローチャート

144 6 赤外線リモコンによるインセクトの制御

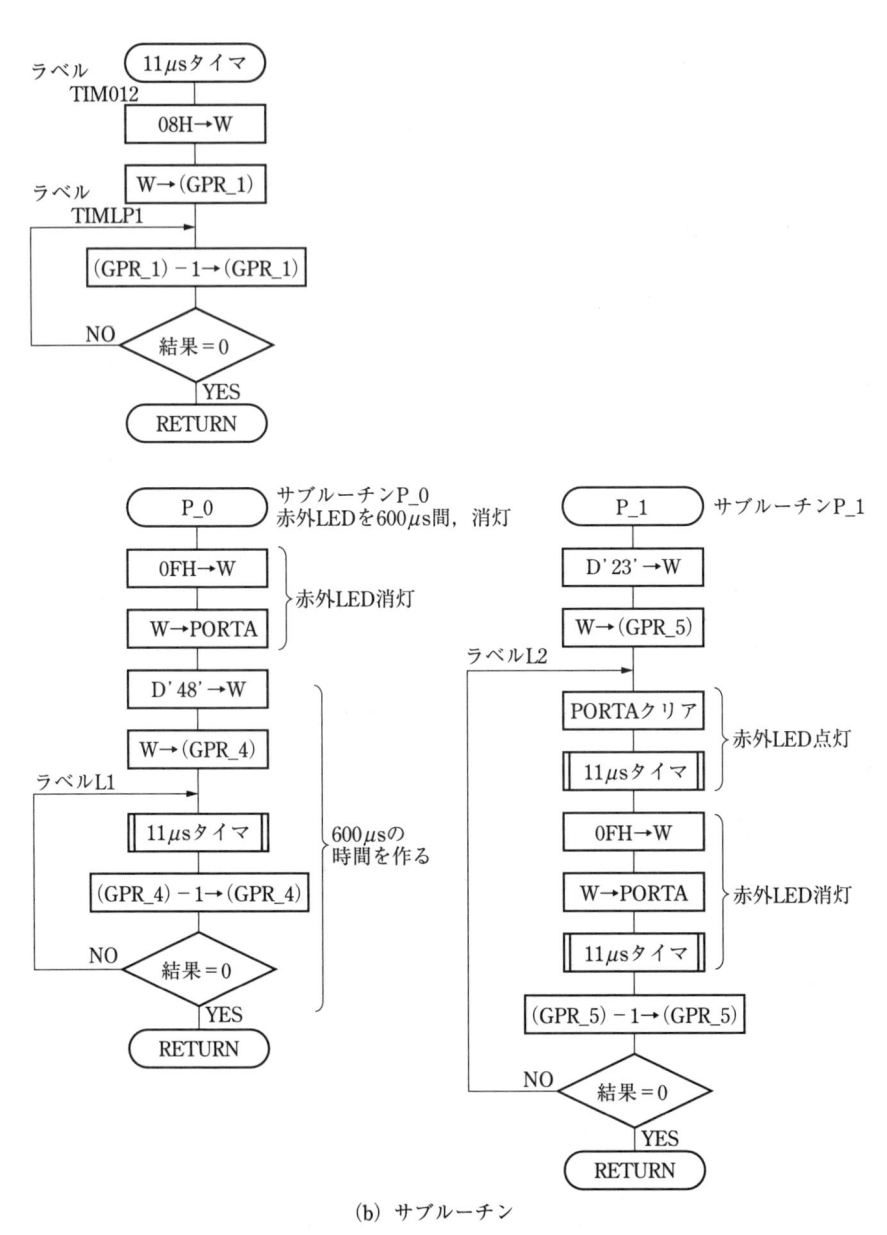

```
ラベル      ┌─ 11μsタイマ ─┐
TIM012
            │  08H→W      │
ラベル      │  W→(GPR_1)  │
TIMLP1
            │ (GPR_1)-1→(GPR_1) │
            NO ◇ 結果=0
               YES
            ( RETURN )
```

サブルーチンP_0
赤外LEDを600μs間, 消灯

```
( P_0 )
  0FH→W     ┐
  W→PORTA   ┘ 赤外LED消灯
  D'48'→W
  W→(GPR_4)
ラベルL1
  11μsタイマ         ┐
  (GPR_4)-1→(GPR_4)  │ 600μsの
  NO ◇ 結果=0         ┘ 時間を作る
     YES
  ( RETURN )
```

サブルーチンP_1

```
( P_1 )
  D'23'→W
  W→(GPR_5)
ラベルL2
  PORTAクリア    ┐
  11μsタイマ     ┘ 赤外LED点灯
  0FH→W         ┐
  W→PORTA       │ 赤外LED消灯
  11μsタイマ     ┘
  (GPR_5)-1→(GPR_5)
  NO ◇ 結果=0
     YES
  ( RETURN )
```

(b) サブルーチン

図 6.16 アセンブリ言語による赤外線リモコン送信回路のフローチャート（続き）

プログラム 6.3 アセンブリ言語による赤外線リモコン送信回路

```
        LIST     P=PIC16F84A;  LIST宣言で使用するPICを16F84Aと定義する
        INCLUDE  P16F84A.INC;  設定ファイルp16f84a.incを読み込む

        __CONFIG _HS_OSC & _WDT_OFF & _PWRTE_ON & _CP_OFF
                          ; コンフィグレーションビットの設定(HSモード，
                            WDTなし，パワーアップタイマを使用，プロテク
                            トなし)
GPR_1   EQU      0CH      ; ファイルレジスタ0Ch番地をGPR_1と定義
GPR_2   EQU      0DH      ; 以下，同様に定義する
GPR_3   EQU      0EH
GPR_4   EQU      010H
GPR_5   EQU      011H
        ORG      0        ; リセットベクタ(0番地)を指定する
MAIN
        BSF      STATUS,RP0 ; ファイルレジスタSTATUSのRP0(ビット5)を
                             セット(1)にする⇒バンク1
        CLRF     TRISA    ; ファイルレジスタTRISAをクリア(0)．PORTA
                           はすべて出力ビットになる
        MOVLW    0FH      ; 0FHをWレジスタに転送
        MOVWF    TRISB    ; Wレジスタの内容(0FH)をTRISBに転送．すると
                           TRISBは1 1 1 1となり，RB3～RB0は入力ビ
                           ットになる
        BCF      OPTION_REG,7; OPTION_REGレジスタのビット7をクリア(0)す
                              る．この結果，PORTBの内蔵プルアップ抵抗を
                              接続する
        BCF      STATUS,RP0 ; STATUSのRP0をクリア(0)⇒バンク0
LOOP
        BTFSC    PORTB,0  ; PORTBのビット0(RB0)が"0"，PBS₁ONな
                           ら，次の命令をスキップする
        GOTO     B0       ; RB0が"0"でないなら，ラベルB0へ行く
        BTFSS    PORTB,1  ; PORTBのビット1(RB1)が"1"，PBS₂OFFな
                           ら，次の命令をスキップする
        GOTO     A0       ; RB1が"1"でない，PBS₂ONなら，ラベルA0へ
                           行く
B0
        BTFSC    PORTB,0  ; PORTBのビット0(RB0)が"0"，PBS₁ONな
                           ら，次の命令をスキップする
        GOTO     B1       ; RB0が"0"でないなら，ラベルB1へ行く
        BTFSS    PORTB,3  ; PORTBのビット3(RB3)が"1"，PBS₄OFFな
                           ら，次の命令をスキップする
        GOTO     A1       ; RB3が"1"でない，PBS₄ONなら，ラベルA1へ
                           行く
```

B1
       BTFSC   PORTB,2   ; PORTBのビット2(RB2)が"0",PBS$_3$ ONな
                               ら,次の命令をスキップする
       GOTO   B2   ; RB2が"0"でないなら,ラベルB2へ行く
       BTFSS   PORTB,1   ; PORTBのビット1(RB1)が"1",PBS$_2$ OFFな
                               ら,次の命令をスキップする
       GOTO   A2   ; RB1が"1"でない,PBS$_3$ ONなら,ラベルA2へ
                               行く
B2
       BTFSS   PORTB,0   ; PORTBのビット0(RB0)が"1",PBS$_1$ OFFな
                               ら,次の命令をスキップする
       GOTO   A3   ; RB0が"1"でない,PBS$_1$ ONなら,ラベルA3へ
                               行く
       BTFSS   PORTB,1   ; PORTBのビット1(RB1)が"1",PBS$_2$ OFFな
                               ら,次の命令をスキップする
       GOTO   A4   ; RB1が"1"でない,PBS$_2$ ONなら,ラベルA4へ
                               行く
       BTFSC   PORTB,2   ; PORTBのビット2(RB2)が"0",PBS$_3$ ONな
                               ら,次の命令をスキップする
       GOTO   B3   ; RB2が"0"でないなら,ラベルB3へ行く
       BTFSS   PORTB,3   ; PORTBのビット3(RB3)が"1",PBS$_4$ OFFな
                               ら,次の命令をスキップする
       GOTO   A5   ; RB3が"1"でない,PBS$_4$ ONなら,ラベルA5へ
                               行く
B3
       BTFSS   PORTB,2   ; PORTBのビット2(RB2)が"1",PBS$_3$ OFFな
                               ら,次の命令をスキップする
       GOTO   A6   ; RB2が"1"でない,PBS$_3$ ONなら,ラベルA6へ
                               行く
       BTFSS   PORTB,3   ; PORTBのビット3(RB3)が"1",PBS$_4$ OFFな
                               ら,次の命令をスキップする
       GOTO   A7   ; RB3が"1"でない,PBS$_4$ ONなら,ラベルA7へ
                               行く
       GOTO   LOOP   ; ラベルLOOPへ行く
A0
       CALL   P_1   ; スタートビット1
       CALL   P_0   ; ⎫
       CALL   P_1   ; ⎬ デバイスコード01
       CALL   P_0   ; ⎭
       CALL   P_0   ; ⎫
       CALL   P_0   ; ⎬ スイッチコード0001(前進)
       CALL   P_1   ; ⎭

6.10 アセンブリ言語による赤外線リモコン・インセクトの制御

```
        CALL    P_1     ;
        CALL    P_0     ;
        CALL    P_1     ; } ストップビット 10101
        CALL    P_0     ;
        CALL    P_1     ;
        CALL    TIM20   ; 20ms タイマサブルーチンをコールする
        GOTO    LOOP    ; ラベル LOOP へ行く
A1
        CALL    P_1
        CALL    P_0
        CALL    P_1
        CALL    P_0     ;
        CALL    P_0     ;
                        ; } スイッチコード 0010（右旋回）
        CALL    P_1     ;
        CALL    P_0     ;
        CALL    P_1
        CALL    P_0
        CALL    P_1
        CALL    P_0
        CALL    P_1
        CALL    TIM20
        GOTO    LOOP
A2
        CALL    P_1
        CALL    P_0
        CALL    P_1
        CALL    P_0     ;
        CALL    P_0     ;
                        ; } スイッチコード 0011（左旋回）
        CALL    P_1     ;
        CALL    P_1     ;
        CALL    P_1
        CALL    P_0
        CALL    P_1
        CALL    P_0
        CALL    P_1
        CALL    TIM20
        GOTO    LOOP
A3
        CALL    P_1
        CALL    P_0
        CALL    P_1
```

```
         CALL     P_0       ; ⎫
         CALL     P_1       ; ⎪
         CALL     P_0       ; ⎬ スイッチコード 0100（右折）
         CALL     P_0       ; ⎭
         CALL     P_1
         CALL     P_0
         CALL     P_1
         CALL     P_0
         CALL     P_1
         CALL     TIM20
         GOTO     LOOP
A4
         CALL     P_1
         CALL     P_0
         CALL     P_1
         CALL     P_0       ; ⎫
         CALL     P_1       ; ⎪
         CALL     P_0       ; ⎬ スイッチコード 0101（左折）
         CALL     P_1       ; ⎭
         CALL     P_1
         CALL     P_0
         CALL     P_1
         CALL     P_0
         CALL     P_1
         CALL     TIM20
         GOTO     LOOP
A5
         CALL     P_1
         CALL     P_0
         CALL     P_1
         CALL     P_0       ; ⎫
         CALL     P_1       ; ⎪
         CALL     P_1       ; ⎬ スイッチコード 0110（後進）
         CALL     P_0       ; ⎭
         CALL     P_1
         CALL     P_0
         CALL     P_1
         CALL     P_0
         CALL     P_1
         CALL     TIM20
         GOTO     LOOP
A6
         CALL     P_1
         CALL     P_0
```

6.10 アセンブリ言語による赤外線リモコン・インセクトの制御

```
            CALL      P_1
            CALL      P_0       ;  ⎫
            CALL      P_1       ;  ⎬ スイッチコード 0111（後進の右折）
            CALL      P_1       ;  ⎪
            CALL      P_1       ;  ⎭
            CALL      P_1
            CALL      P_0
            CALL      P_1
            CALL      P_0
            CALL      P_1
            CALL      TIM20
            GOTO      LOOP
A7
            CALL      P_1
            CALL      P_0
            CALL      P_1
            CALL      P_1       ;  ⎫
            CALL      P_0       ;  ⎬ スイッチコード 1000（後進の左折）
            CALL      P_0       ;  ⎪
            CALL      P_0       ;  ⎭
            CALL      P_1
            CALL      P_0
            CALL      P_1
            CALL      P_0
            CALL      P_1
            CALL      TIM20
            GOTO      LOOP
P_0                             ; サブルーチン P_0. 赤外 LED を 600μs 間，消灯
            MOVLW     0FH       ; 0FH をWレジスタに転送
            MOVWF     PORTA     ; Wレジスタの内容(0FH)を PORTA に転送
            MOVLW     D'48'     ; 48 をWレジスタに転送
            MOVWF     GPR_4     ; Wレジスタの内容(48)を GPR_4 に転送
L1          CALL      TIM011    ; 11μs タイマサブルーチンをコールする
            DECFSZ    GPR_4,F   ; GPR_4の内容をデクリメント(-1)する
            GOTO      L1        ; 結果が 0 でないなら，ラベル L1 へ行く
            RETURN              ; 結果が 0 なら，サブルーチンより復帰する
P_1                             ; サブルーチン P_1
            MOVLW     D'23'     ; 23 をWレジスタに転送
            MOVWF     GPR_5     ; Wレジスタの内容(23)を GPR_5 に転送
L2          CLRF      PORTA     ; PORTA をクリア(0)
            CALL      TIM011    ; 11μs タイマサブルーチンをコールする
            MOVLW     0FH       ; 0FH をWレジスタに転送
            MOVWF     PORTA     ; Wレジスタの内容(0FH)を PORTA に転送
            CALL      TIM011    ; 11μs タイマサブルーチンをコールする
```

```
            DECFSZ   GPR_5          ; GPR_5の内容をデクリメント(-1)する
            GOTO     L2             ; 結果が0でないなら，ラベルL2へ行く
            RETURN                  ; 結果が0なら，サブルーチンより復帰する
    TIM011                          ; 11μsタイマ
            MOVLW    08H
            MOVWF    GPR_1
            NOP
    TIMLP1  DECFSZ   GPR_1,F
            GOTO     TIMLP1
            RETURN
    TIM04                           ; 0.4msタイマ
            MOVLW    0F9H
            MOVWF    GPR_2
    TIMLP2  NOP
            DECFSZ   GPR_2,F
            GOTO     TIMLP2
            RETURN
    TIM20                           ; 20msタイマ
            MOVLW    032H
            MOVWF    GPR_3
    TIMLP3  CALL     TIM04
            DECFSZ   GPR_3,F
            GOTO     TIMLP3
            RETURN

    END                             ; プログラムの終了をアセンブラに指示する
```

6.10.2 アセンブリ言語による赤外線リモコン・インセクトの受信回路

図6.17は，アセンブリ言語による赤外線リモコン・インセクトの受信回路のフローチャートであり，そのプログラムをプログラム6.4に示す．

6.10 アセンブリ言語による赤外線リモコン・インセクトの制御　**151**

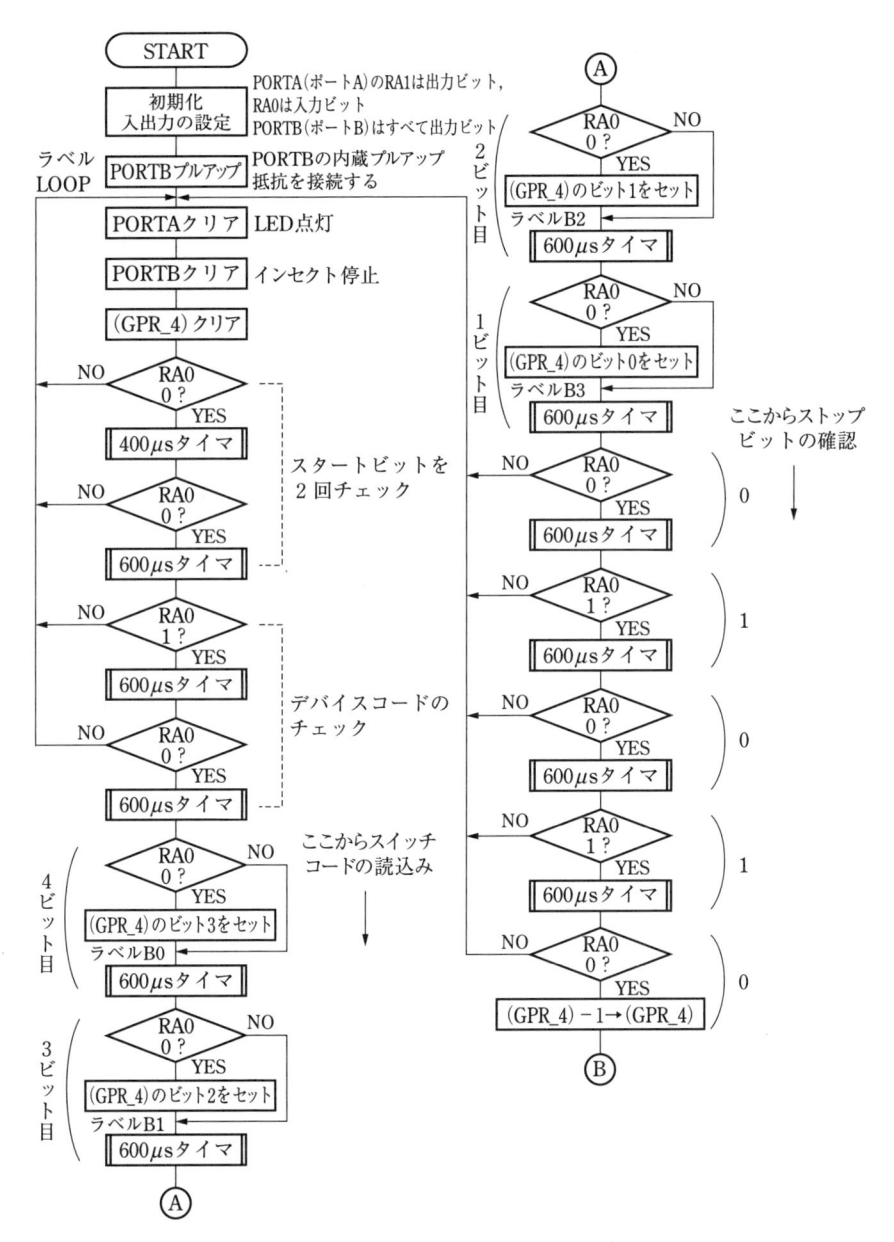

図6.17　アセンブリ言語による赤外線リモコン・インセクトの受信回路のフローチャート

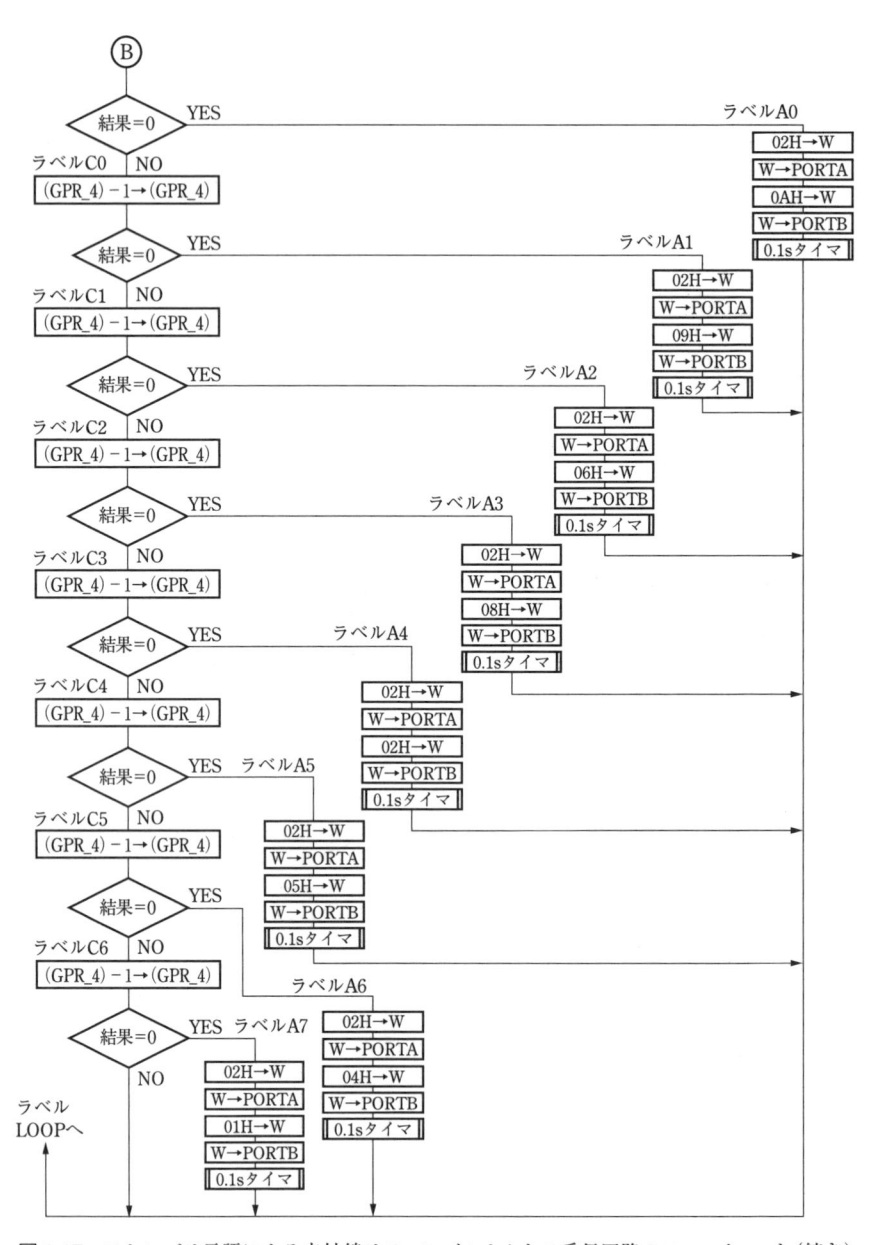

図 6.17　アセンブリ言語による赤外線リモコン・インセクトの受信回路のフローチャート（続き）

プログラム 6.4 アセンブリ言語による赤外線リモコン・インセクトの受信回路

```
        LIST      P=PIC16F84A;  LIST宣言で使用するPICを16F84Aと定義する
        INCLUDE   P16F84A.INC;  設定ファイルp16f84a.incを読み込む

        _ _CONFIG _HS_OSC & _WDT_OFF & _PWRTE_ON & _CP_OFF
                              ; コンフィグレーションビットの設定(HSモード，
                                WDTなし，パワーアップタイマを使用，プロテク
                                トなし)
GPR_1   EQU       0CH         ; ファイルレジスタ0CHをGPR_1と定義
GPR_2   EQU       0DH         ; 以下，同様に定義する
GPR_3   EQU       0EH
GPR_4   EQU       010H
        ORG       0           ; リセットベクタ(0番地)を指定する
MAIN
        BSF       STATUS,RP0  ; ファイルレジスタSTATUSのRP0(ビット5)を
                                セット(1)にする⇒バンク1
        CLRF      TRISB       ; ファイルレジスタTRISBをクリア(0)．PORTB
                                はすべて出力ビット
        MOVLW     01H         ; 01HをWレジスタに転送
        MOVWF     TRISA       ; Wレジスタの内容(01H)をTRISAに転送．すると
                                TRISAは0 0 0 1となり，RA0は入力ビット，
                                RA1は出力ビットになる
        BCF       OPTION_REG,7; OPTION_REGレジスタのビット7をクリア(0)す
                                る．この結果，PORTBの内蔵プルアップ抵抗を
                                接続する
        BCF       STATUS,RP0  ; STATUSのRP0をクリア(0)⇒バンク0
LOOP
        CLRF      PORTA       ; PORTAをクリア(0)．LED点灯
        CLRF      PORTB       ; PORTBをクリア(0)．インセクト停止
        CLRF      GPR_4       ; GPR_4の内容をクリア(0)
        BTFSC     PORTA,0     ; PORTAのビット0(RA0)が"0"なら，次の命令を
                                スキップする
        GOTO      LOOP        ; RA0が"0"でないなら，ラベルLOOPへ行く
        CALL      TIM04       ; 400μsタイマサブルーチンをコールする
        BTFSC     PORTA,0     ; PORTAのビット0(RA0)が"0"なら，次の命令を
                                スキップする
        GOTO      LOOP        ; RA0が"0"でないなら，ラベルLOOPへ行く
        CALL      TIM02       ; 200μsタイマサブルーチンをコールする
        CALL      TIM04       ; 400μsタイマサブルーチンをコールする
        BTFSS     PORTA,0     ; PORTAのビット0(RA0)が"1"なら，次の命令を
                                スキップする
        GOTO      LOOP        ; RA0が"1"でないなら，ラベルLOOPへ行く
```

6 赤外線リモコンによるインセクトの制御

```
             CALL    TIM02       ; 200μs タイマサブルーチンをコールする
             CALL    TIM04       ; 400μs タイマサブルーチンをコールする
             BTFSC   PORTA,0     ; PORTA のビット 0(RA0)が "0" なら，次の命令を
                                   スキップする
             GOTO    LOOP        ; RA0 が "0" でないなら，ラベル LOOP へ行く
             CALL    TIM02       ; 200μs タイマサブルーチンをコールする
             CALL    TIM04       ; 400μs タイマサブルーチンをコールする
             BTFSC   PORTA,0     ; PORTA のビット 0(RA0)が "0" なら，次の命令を
                                   スキップする
             GOTO    B0          ; RA0 が "0" でないなら，ラベル B0 へ行く
             BSF     GPR_4,3     ; GPR_4 のビット 3 をセット(1)にする
    B0
             CALL    TIM02       ; 200μs タイマサブルーチンをコールする
             CALL    TIM04       ; 400μs タイマサブルーチンをコールする
             BTFSC   PORTA,0     ; PORTA のビット 0(RA0)が "0" なら，次の命令を
                                   スキップする
             GOTO    B1          ; RA0 が "0" でないなら，ラベル B1 へ行く
             BSF     GPR_4,2     ; GPR_4 のビット 2 をセット(1)にする
    B1
             CALL    TIM02       ; 200μs タイマサブルーチンをコールする
             CALL    TIM04       ; 400μs タイマサブルーチンをコールする
             BTFSC   PORTA,0     ; PORTA のビット 0(RA0)が "0" なら，次の命令を
                                   スキップする
             GOTO    B2          ; RA0 が "0" でないなら，ラベル B2 へ行く
             BSF     GPR_4,1     ; GPR_4 のビット 1 をセット(1)にする
    B2
             CALL    TIM02       ; 200μs タイマサブルーチンをコールする
             CALL    TIM04       ; 400μs タイマサブルーチンをコールする
             BTFSC   PORTA,0     ; PORTA のビット 0(RA0)が "0" なら，次の命令を
                                   スキップする
             GOTO    B3          ; RA0 が "0" でないなら，ラベル B3 へ行く
             BSF     GPR_4,0     ; GPR_4 のビット 0 をセット(1)にする
    B3
             CALL    TIM02       ; 200μs タイマサブルーチンをコールする
             CALL    TIM04       ; 400μs タイマサブルーチンをコールする
             BTFSC   PORTA,0     ; PORTA のビット 0(RA0)が "0" なら，次の命令を
                                   スキップする
             GOTO    LOOP        ; RA0 が "0" でないなら，ラベル LOOP へ行く
             CALL    TIM02       ; 200μs タイマサブルーチンをコールする
             CALL    TIM04       ; 400μs タイマサブルーチンをコールする
             BTFSS   PORTA,0     ; PORTA のビット 0(RA0)が "1" なら，次の命令を
                                   スキップする
             GOTO    LOOP        ; RA0 が "1" でないなら，ラベル LOOP へ行く
             CALL    TIM02       ; 200μs タイマサブルーチンをコールする
```

6.10 アセンブリ言語による赤外線リモコン・インセクトの制御

```
        CALL    TIM04       ; 400μs タイマサブルーチンをコールする
        BTFSC   PORTA,0     ; PORTA のビット 0(RA0) が "0" なら，次の命令を
                              スキップする
        GOTO    LOOP        ; RA0 が "0" でないなら，ラベル LOOP へ行く
        CALL    TIM02       ; 200μs タイマサブルーチンをコールする
        CALL    TIM04       ; 400μs タイマサブルーチンをコールする
        BTFSS   PORTA,0     ; PORTA のビット 0(RA0) が "1" なら，次の命令を
                              スキップする
        GOTO    LOOP        ; RA0 が "1" でないなら，ラベル LOOP へ行く
        CALL    TIM02       ; 20μs タイマサブルーチンをコールする
        CALL    TIM04       ; 400μs タイマサブルーチンをコールする
        BTFSC   PORTA,0     ; PORTA のビット 0(RA0) が "0" なら，次の命令を
                              スキップする
        GOTO    LOOP        ; RA0 が "0" でないなら，ラベル LOOP へ行く
        DECFSZ  GPR_4,1     ; GPR_4 の内容をデクリメント(-1)する
        GOTO    C0          ; 結果が 0 でないなら，ラベル C0 へ行く
        GOTO    A0          ; 結果が 0 なら，ラベル A0 へ行く
C0
        DECFSZ  GPR_4,1     ; GPR_4 の内容をデクリメント(-1)する
        GOTO    C1          ; 結果が 0 でないなら，ラベル C1 へ行く
        GOTO    A1          ; 結果が 0 なら，ラベル A1 へ行く
C1
        DECFSZ  GPR_4,1     ; GPR_4 の内容をデクリメント(-1)する
        GOTO    C2          ; 結果が 0 でないなら，ラベル C2 へ行く
        GOTO    A2          ; 結果が 0 なら，ラベル A2 へ行く
C2
        DECFSZ  GPR_4,1     ; GPR_4 の内容をデクリメント(-1)する
        GOTO    C3          ; 結果が 0 でないなら，ラベル C3 へ行く
        GOTO    A3          ; 結果が 0 なら，ラベル A3 へ行く
C3
        DECFSZ  GPR_4,1     ; GPR_4 の内容をデクリメント(-1)する
        GOTO    C4          ; 結果が 0 でないなら，ラベル C4 へ行く
        GOTO    A4          ; 結果が 0 なら，ラベル A4 へ行く
C4
        DECFSZ  GPR_4,1     ; GPR_4 の内容をデクリメント(-1)する
        GOTO    C5          ; 結果が 0 でないなら，ラベル C5 へ行く
        GOTO    A5          ; 結果が 0 なら，ラベル A5 へ行く
C5
        DECFSZ  GPR_4,1     ; GPR_4 の内容をデクリメント(-1)する
        GOTO    C6          ; 結果が 0 でないなら，ラベル C6 へ行く
        GOTO    A6          ; 結果が 0 なら，ラベル A6 へ行く
C6
        DECFSZ  GPR_4,1     ; GPR_4 の内容をデクリメント(-1)する
        GOTO    LOOP        ; 結果が 0 でないなら，ラベル LOOP へ行く
```

	GOTO	A7	; 結果が 0 なら，ラベル A7 へ行く
A0			
	MOVLW	02H	; 02H を W レジスタに転送
	MOVWF	PORTA	; W レジスタの内容(02H)を PORTA に転送．LED 消灯
	MOVLW	0AH	; 0AH を W レジスタに転送
	MOVWF	PORTB	; W レジスタの内容(0AH)を PORTB に転送．インセクト前進
	CALL	TIM100	; 0.1s タイマサブルーチンをコールする
	GOTO	LOOP	; ラベル LOOP へ行く
A1			
	MOVLW	02H	
	MOVWF	PORTA	
	MOVLW	09H	; 09H を W レジスタに転送
	MOVWF	PORTB	; W レジスタの内容(09H)を PORTB に転送．右旋回
	CALL	TIM100	
	GOTO	LOOP	
A2			
	MOVLW	02H	
	MOVWF	PORTA	
	MOVLW	06H	; 06H を W レジスタに転送
	MOVWF	PORTB	; W レジスタの内容(06H)を PORTB に転送．左旋回
	CALL	TIM100	
	GOTO	LOOP	
A3			
	MOVLW	02H	
	MOVWF	PORTA	
	MOVLW	08H	; 08H を W レジスタに転送
	MOVWF	PORTB	; W レジスタの内容(08H)を PORTB に転送．右折
	CALL	TIM100	
	GOTO	LOOP	
A4			
	MOVLW	02H	
	MOVWF	PORTA	
	MOVLW	02H	; 02H を W レジスタに転送
	MOVWF	PORTB	; W レジスタの内容(02H)を PORTB に転送．左折
	CALL	TIM100	
	GOTO	LOOP	
A5			
	MOVLW	02H	
	MOVWF	PORTA	
	MOVLW	05H	; 05H を W レジスタに転送

```
            MOVWF   PORTB           ; W レジスタの内容(05H)を PORTB に転送. イン
                                      セクト後進
            CALL    TIM100
            GOTO    LOOP
A6
            MOVLW   02H
            MOVWF   PORTA
            MOVLW   04H             ; 04H を W レジスタに転送
            MOVWF   PORTB           ; W レジスタの内容(04H)を PORTB に転送. 後進
                                      の右折
            CALL    TIM100
            GOTO    LOOP
A7
            MOVLW   02H
            MOVWF   PORTA
            MOVLW   01H             ; 01H を W レジスタに転送
            MOVWF   PORTB           ; W レジスタの内容(01H)を PORTB に転送. 後進
                                      の左折
            CALL    TIM100
            GOTO    LOOP
TIM02                               ; 200μs タイマ
            MOVLW   07CH
            MOVWF   GPR_1
TIMLP1      NOP
            DECFSZ  GPR_1,F
            GOTO    TIMLP1
            RETURN
TIM04                               ; 400μs タイマ
            MOVLW   0F9H
            MOVWF   GPR_2
TIMLP2      NOP
            DECFSZ  GPR_2,F
            GOTO    TIMLP2
            RETURN
TIM100                              ; 0.1s タイマ
            MOVLW   0F9H
            MOVWF   GPR_3
TIMLP3      CALL    TIM04
            DECFSZ  GPR_3,F
            GOTO    TIMLP3
            RETURN

END                                 ; プログラムの終了をアセンブラに指示する
```

7 赤外線リモコンによるボクシングファイターの制御

タミヤのリモコン・ボクシングファイターは，有線のリモートコントロールであるが，リモコン・インセクトと同様に，スティックを改造して赤外線リモコン送信機を作る．ボクシングファイターの制御回路基板は，PIC16F84A を搭載した受信回路になっていて，本体内部に挿入する．赤外線を受信するため，赤外線受信モジュールは，ボクシングファイターの頭に設置する．

改造したスティックの操作により，ボクシングファイターは，左右の腕を伸縮させパンチをくり出すことができる．同時に，前進・後進や左右の旋回もする．

また，2 台のボクシングファイターを戦わせることができ，鼻の位置に設置したマイクロスイッチにパンチが当ると，圧電ブザーが ON-OFF し，LED が点滅する仕掛けになっている．

7.1 赤外線リモコン・ボクシングファイター

図 7.1 は，タミヤのリモコン・**ボクシングファイター**に PIC16F84A と赤外線リモコン受信モジュールを搭載した，改造ボクシングファイターである．また，リモコン・ボクシングファイターに付属するスティックを改造した赤外線リモコン送信機の外観を図 7.2 に示す．なお，この赤外線リモコン送信機の構造は，

図 7.1　ボクシングファイター

図 7.2 赤外線リモコン送信機

図 6.2 のインセクトの赤外線リモコン送信機と同じである.

このボクシングファイターは,赤外線通信を利用し,赤外線リモコン送信機のスティックの操作によって,左右のパンチをくり出しながら,前進,後進,右旋回,左旋回などができ,パンチはストレートとアッパーを選ぶことができる.

DC モータの回転は,足に相当するグリップ部分に伝えられ,その動きをリンクロッドで腕に伝えるメカニズムになっている.2 台で対戦するときは,相手の鼻の部分に相当する**マイクロスイッチ**にパンチを当てると,**圧電ブザー**が ON-OFF し,同時に **LED** も点滅するようになっている.この場合,相手は負けになる.図 7.3 に,2 台で対戦している様子を示す.

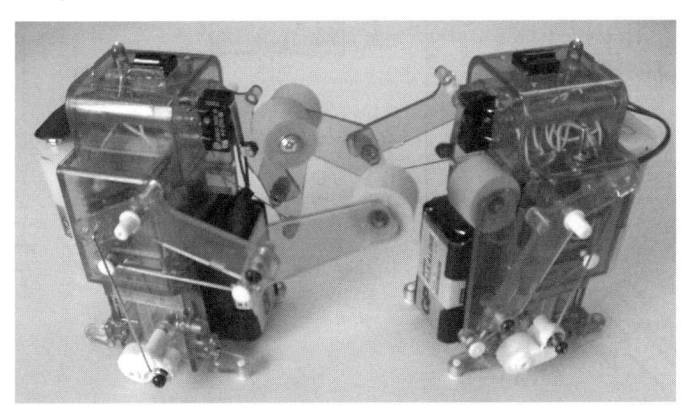

図 7.3 ボクシングファイターの対戦

7.2 赤外線リモコン・ボクシングファイターの受信回路

赤外線リモコン送信回路は，6.2節で説明した，赤外線リモコン送信回路と全く同じであるので，本章では省略する．図7.4は，赤外線リモコン・ボクシングファイターの受信回路である．6.5節で示した赤外線リモコン・インセクトの受信回路に，マイクロスイッチと圧電ブザー回路が追加されている．

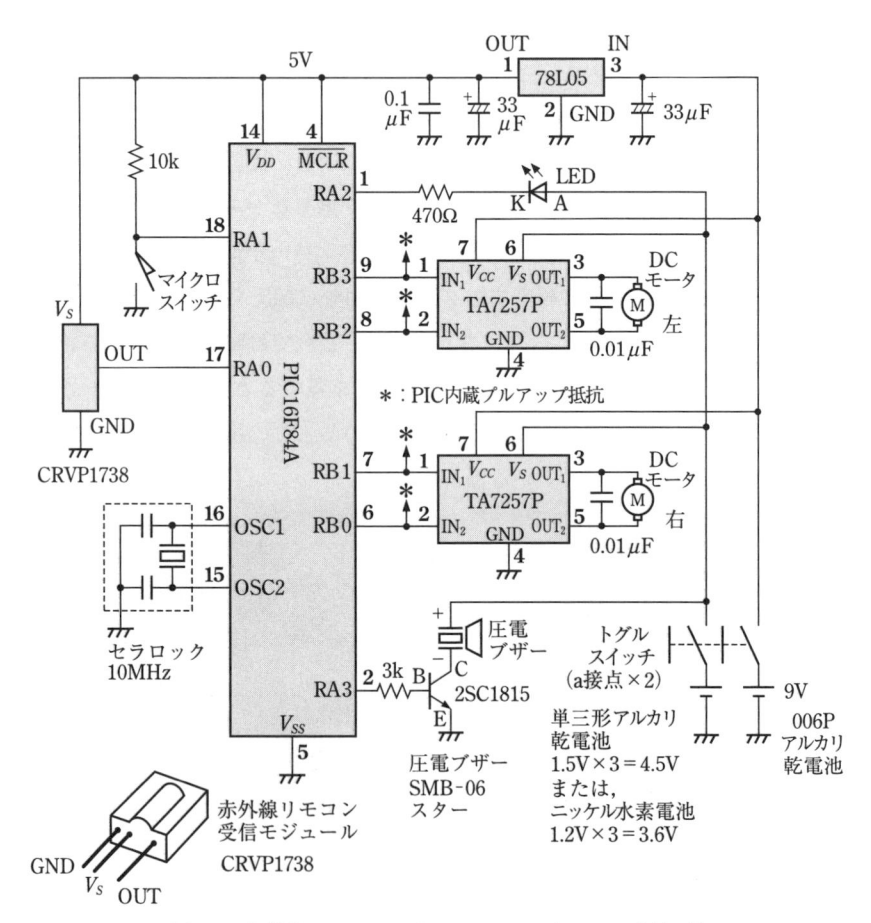

図7.4 赤外線リモコン・ボクシングファイターの受信回路

7.3 受信回路基板の製作

図7.5は，赤外線リモコン・ボクシングファイターの受信回路基板である．

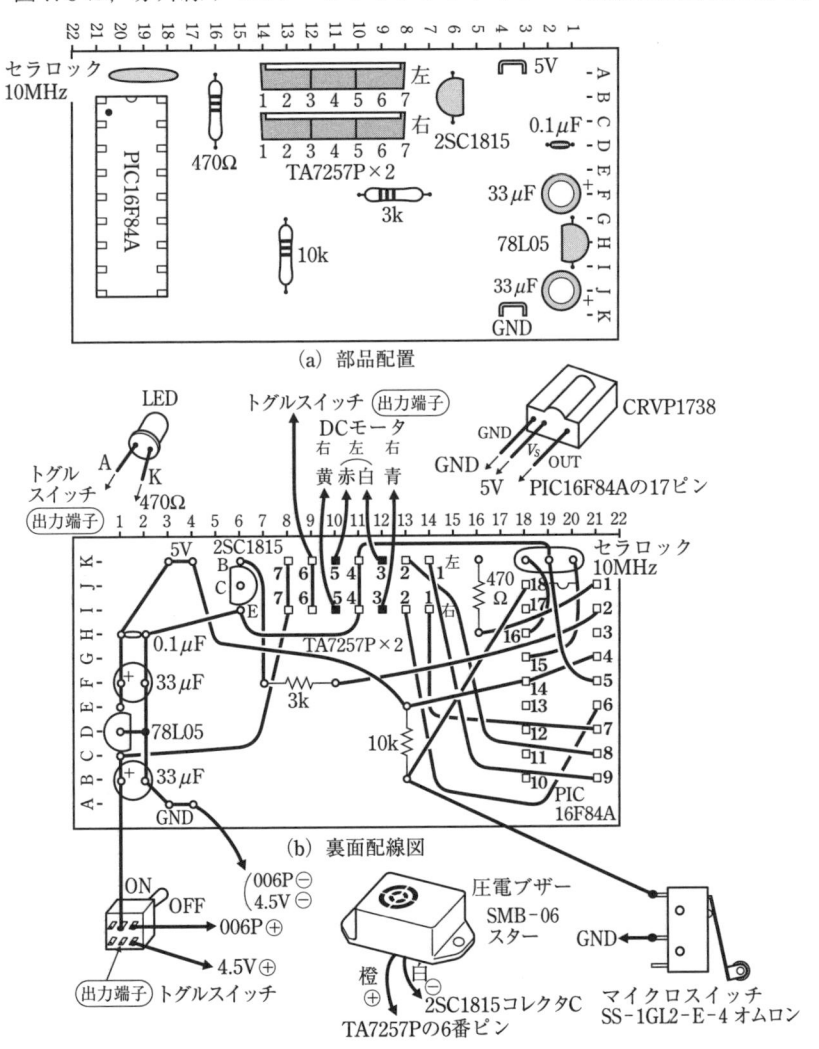

(a) 部品配置

(b) 裏面配線図

図7.5 赤外線リモコン・ボクシングファイターの受信回路基板

7.4 穴あけ加工と部品の固定

図7.6は，赤外線リモコン・ボクシングファイターの穴あけ加工と部品の固定である．

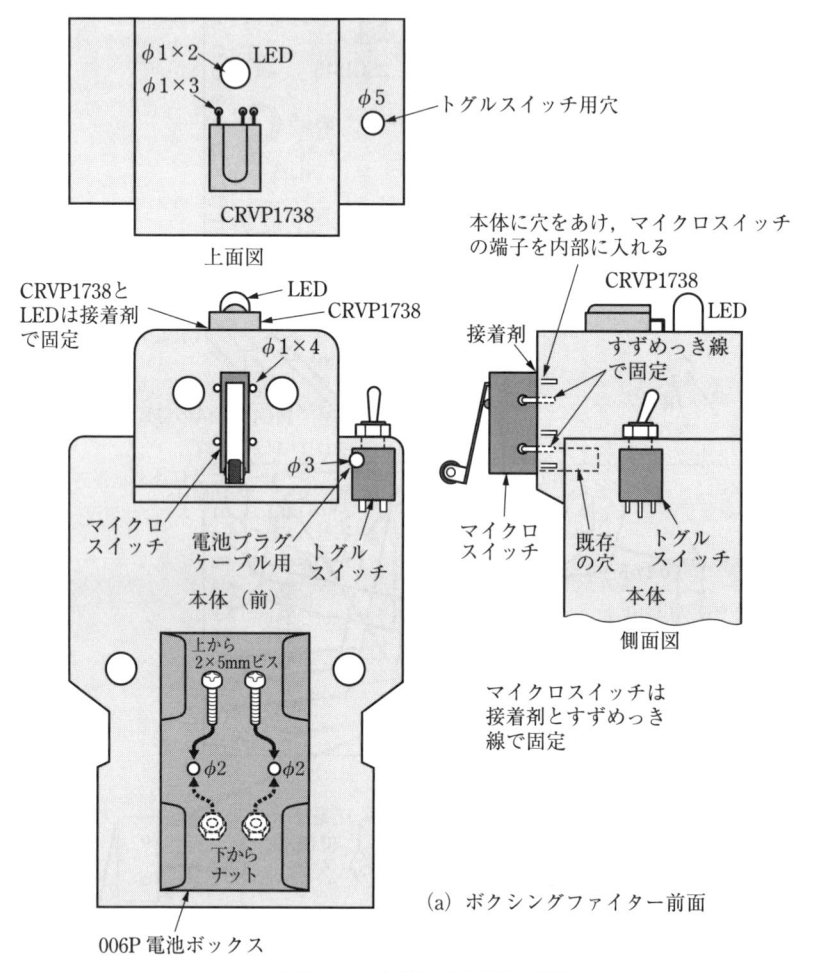

図7.6 穴あけ加工と部品の固定

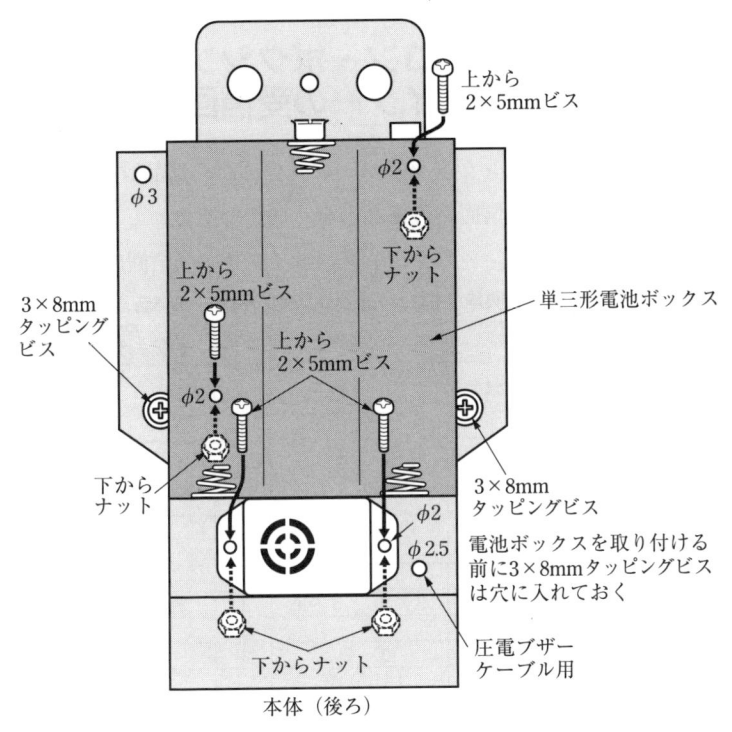

7.4　穴あけ加工と部品の固定　　**163**

(b) ボクシングファイター背面

図7.6　穴あけ加工と部品の固定（続き）

7.5 赤外線リモコン・ボクシングファイターの受信回路の部品

赤外線リモコン・ボクシングファイターの送信回路の部品は，6.8節の表6.2に示した赤外線リモコン送信回路の部品と全く同じである．

表7.1は，赤外線リモコン・ボクシングファイターの受信回路の部品である．

表7.1 赤外線リモコン・ボクシングファイターの部品

部 品	型 番	規格等		個数	メーカ	備 考
PIC	PIC16F84A			1	マイクロチップテクノロジー	
ICソケット		18P		1		PIC用
赤外線リモコン受信モジュール	CRVP1738	$f = 38\text{kHz}$		1		秋月電子 PL-IRM0208-A538代用可
5V低損失レギュレータ	2930L05	5V出力		1		78L05代用可
DCモータドライブIC	TA7257P			2	東芝	
セラロック	CSTLS-G	10MHz／3本足		1	村田製作所	
トランジスタ	2SC1815			1	東芝	同等品代用可
圧電ブザー	SMB-06	$3 \sim 7\text{V}$		1	スター	同等品代用可
マイクロスイッチ	SS-1GL2-E-4	1A125VAC 1A30VDC		1	オムロン	同等品代用可
LED		$\phi 5$／赤		1		
抵抗		10k	1/4w	1		
		3k		1		
		470 Ω		1		
電解コンデンサ		33 μF	16V	2		
積層セラミックコンデンサ		0.1 μF	50V	1		
セラミックコンデンサ		0.01 μF	50V	2		
トグルスイッチ	MS-600	6P		1	ミヤマ	MS242, 245代用可
単三形乾電池		単三形アルカリ		3		ニッケル水素電池代用可
単三形電池ボックス		平3本形		1		
アルカリ乾電池	006P（9V）			1		
006P電池ボックス				1		
電池プラグケーブル				2		電池スナップ
ユニバーサル基板	ICB-88			1	サンハヤト	ICB-88を加工
ビス・ナット		2×5 mm		各6		
ボクシングファイター本体				1	タミヤ	
その他	リード線，すずめっき線など					

7.6 C言語による赤外線リモコン・ボクシングファイターの制御

　C言語による赤外線リモコン・ボクシングファイターの送信回路のプログラムは，6.9.1項のプログラム6.1と全く同じである．同じプログラムをプログラム7.1に示す．

　ここで，ボクシングファイターをA，Bの2台で対戦させる場合は，プログラム7.1のⒷで示すように，Bのデバイスコードを変更する．

プログラム 7.1 C言語による赤外線リモコン・ボクシングファイターの送信回路

```
#include <16f84a.h>
#fuses HS,NOWDT,PUT,NOPROTECT
#use delay(clock=10000000)
#byte port_a=5
void p1();
void p0();
main()
{
  int a;
  set_tris_a(0);
  set_tris_b(0x0f);
  port_b_pullups(true); ……………… PORTBの内蔵プルアップ抵抗を接続する
  while(1) …………………………………………………………………………… ループ1
  {
    a=10;
    switch(a)
    {
      case 10:
        if(input(PIN_B0)==0 && input(PIN_B1)==0) ……… PBS₁ ON かつ
        {                                                PBS₂ ON．
          p1();          Ⓑ
          p0(); p1();  →  p1();p0;
          p0(); p0(); p0(); p1(); ………………………… スイッチコード（前進）
          p1(); p0(); p1(); p0(); p1();
          delay_ms(20);
          a=20;
          break;
```

```
       }
    case 20:
      if(input(PIN_B0)==0 && input(PIN_B3)==0) ········· PBS₁ ON かつ
      {                                                  PBS₄ ON.
        p1();              Ⓑ
        p0(); p1();   →  p1();p0();
        p0(); p0(); p1(); p0();         ·················· スイッチコード (右旋回)
        p1(); p0(); p1(); p0(); p1();
        delay_ms(20);
        a=30;
        break;
      }
    case 30:
      if(input(PIN_B1)==0 && input(PIN_B2)==0) ········· PBS₂ ON かつ
      {                                                  PBS₃ ON
        p1();              Ⓑ
        p0(); p1();   →  p1();p0();
        p0(); p0(); p1(); p1();         ·················· スイッチコード (左旋回)
        p1(); p0(); p1(); p0(); p1();
        delay_ms(20);
        a=40;
        break;
      }
    case 40:
      if(input(PIN_B0)==0) ···························································· PBS₁ ON
      {
        p1();              Ⓑ
        p0(); p1();   →  p1();p0();
        p0(); p1(); p0(); p0();         ·················· スイッチコード (右折)
        p1(); p0(); p1(); p0(); p1();
        delay_ms(20);
        a=50;
      break;
      }
    case 50:
      if(input(PIN_B1)==0) ············································································ PBS₂ ON
      {
        p1();              Ⓑ
        p0(); p1();   →  p1();p0();
        p0(); p1(); p0(); p1();         ·················· スイッチコード (左折)
        p1(); p0(); p1(); p0(); p1();
        delay_ms(20);
        a=60;
        break;
      }
    case 60:
```

```
            if(input(PIN_B2)==0 && input(PIN_B3)==0)  ………… PBS₃ ON かつ
            {                                                 PBS₄ ON
              p1();
              p0(); p1();    →   p1();p0();    Ⓑ
              p0(); p1(); p1(); p0();          ………………  スイッチコード（後進）
              p1(); p0(); p1(); p0(); p1();
              delay_ms(20);
              a=70;
              break;
            }
         case 70:
            if(input(PIN_B2)==0)                ……………………………………… PBS₃ ON
            {
              p1();
              p0(); p1();    →   p1();p0();    Ⓑ
              p0(); p1(); p1(); p1();          ………………  スイッチコード（後進の右折）
              p1(); p0(); p1(); p0(); p1();
              delay_ms(20);
              a=80;
              break;
            }
         case 80:
            if(input(PIN_B3)==0)                ……………………………………… PBS₄ ON
            {
              p1();
              p0(); p1();    →   p1();p0();    Ⓑ
              p1(); p0(); p0(); p0();          ………………  スイッチコード（後進の左折）
              p1(); p0(); p1(); p0(); p1();
              delay_ms(20);
              a=10;
              break;
            }
         default:
            break;
        }
      }
}
void p1()  ……………………………………………………………………………………………… 関数 p1 の本体
{
   int c;
   c=23;
   while(1)
   {
     port_a=0;
     delay_us(12);
     port_a=0x0f;
```

```
      delay_us(11);
      c=c-1;
      if(c==0)
        break;
    }
}
void p0()  ························································································  関数 p0 の本体
{
  port_a=0x0f;
  delay_us(600);
}
```

C言語による赤外線リモコン・ボクシングファイターの受信回路のプログラムをプログラム7.2に示す．送信回路と同様に，A，Bの2台で対戦させる場合は，プログラム7.2のⓑで示すように，Bのデバイスコードを変更する．

プログラム 7.2 C言語による赤外線リモコン・ボクシングファイターの受信回路

```
#include <16f84a.h>
#fuses HS,NOWDT,PUT,NOPROTECT
#use delay(clock=10000000)
main()
{
  int a, a4, a3, a2, a1;
  set_tris_a(0x03);
  set_tris_b(0);
  port_b_pullups(true);  ·······················  PORTB の内蔵プルアップ抵抗を接続する
  output_low(PIN_A3);  ·····························  RA3 を "0" にする．圧電ブザー OFF
  delay_ms(800);  ·······································  0.8s タイマサブルーチンをコールする
  while(1)  ·····································································································  ループ 1
  {
    output_low(PIN_A2);  ·························································  RA2 を "0" にする．LED 点灯
    while(1)  ······························································································  ループ 2
    {
      output_b(0);  ·····································································  PORTB をクリア(0)．停止
      a=0; a4=0; a3=0; a2=0; a1=0;
```

7.6 C言語による赤外線リモコン・ボクシングファイターの制御　**169**

```
if(input(PIN_A0)==0)      …… RA0は "0"
  delay_us(400);
else
  break;
if(input(PIN_A0)==0)      …… RA0は "0"
  delay_us(600);
else
  break;                   Ⓑ
if(input(PIN_A0)==1)  →   if(input(PIN_A0)==0)
  delay_us(600);
else
  break;                   Ⓑ
if(input(PIN_A0)==0)  →   if(input(PIN_A0)==1)
  delay_us(600);
else
  break;
if(input(PIN_A0)==0)      …………
  a4=8;
delay_us(600);
if(input(PIN_A0)==0)      ……………………………………………
  a3=4;
delay_us(600);
if(input(PIN_A0)==0)      ……………………………………………
  a2=2;
delay_us(600);
if(input(PIN_A0)==0)      ……………………………………………
  a1=1;
delay_us(600);
if(input(PIN_A0)==0)      ………………………
  delay_us(600);
else
  break;
if(input(PIN_A0)==1)      ……………………………………………………
  delay_us(600);
else
  break;
if(input(PIN_A0)==0)      ……………………………………………………
  delay_us(600);
else
  break;
if(input(PIN_A0)==1)      ……………………………………………………
  delay_us(600);
else
  break;
if(input(PIN_A0)==0)      ……………………………………………………
  a=a4+a3+a2+a1;           …………
```

RA0は "0" かどうか，スタートビットを2回チェックする
RA0が "0" でなければ，break文でループ2を脱出

……デバイスコード2ビット目

……デバイスコード1ビット目

ここからスイッチコードの読込み4ビット目

3ビット目

2ビット目

1ビット目

ここからストップビットの確認．0

1

0

1

0

aにa4＋a3＋a2＋a1の値を代入

```
    else
      break;
    if(input(PIN_A1)==0)        ………………… RA1は"0", マイクロスイッチON
    {
      output_high(PIN_A3);      ……………………… RA3は"1", 圧電ブザーON
      output_high(PIN_A2);      ……………………………… RA2は"1", LED消灯
      delay_ms(1000);           ………………………………………………… 1sタイマ
      output_low(PIN_A3);       ………………………… RA3は"0", 圧電ブザーOFF
      output_low(PIN_A2);       ……………………………… RA2は"0", LED点灯
      delay_ms(500);            ………………………………………………… 0.5sタイマ
      output_high(PIN_A3);      ……………………… RA3は"1", 圧電ブザーON
      output_high(PIN_A2);      ……………………………… RA2は"1", LED消灯
      delay_ms(1000);           ………………………………………………… 1sタイマ
      output_low(PIN_A3);       ………………………… RA3は"0", 圧電ブザーOFF
      delay_ms(500);            ………………………………………………… 0.5sタイマ
    }
    switch(a)
    {
      case 1:
        output_b(0x0a);         ……………………………………………………… 前進
        delay_ms(100);
        break;
      case 2:
        output_b(0x09);         ……………………………………………………… 右旋回
        delay_ms(100);
        break;
      case 3:
        output_b(0x06);         ……………………………………………………… 左旋回
        delay_ms(100);
        break;
      case 4:
        output_b(0x08);         ……………………………………………………… 右折
        delay_ms(100);
        break;
      case 5:
        output_b(0x02);         ……………………………………………………… 左折
        delay_ms(100);
        break;
      case 6:
        output_b(0x05);         ……………………………………………………… 後進
        delay_ms(100);
        break;
      case 7:
        output_b(0x04);         ……………………………………………………… 後進の右折
        delay_ms(100);
        break;
```

```
            case 8:
                output_b(0x01);  ·············································· 後進の左折
                delay_ms(100);
                break;
            default:
                break;
        }
      }
    }
}
```

7.7 アセンブリ言語による赤外線リモコン・ボクシングファイターの制御

　アセンブリ言語による赤外線リモコン・ボクシングファイターの送信回路のプログラムは，6.10.1項のプログラム6.3と全く同じである．同じプログラムをプログラム7.3に示す．

　ここで，ボクシングファイターをA，Bの2台で対戦させる場合は，プログラム7.3のⒷで示すように，Bのディバイスコードを変更する．

プログラム 7.3 アセンブリ言語による赤外線リモコン・ボクシングファイターの送信回路

```
        LIST    P=PIC16F84A
        INCLUDE P16F84A.INC
        __CONFIG    _HS_OSC & _WDT_OFF & _PWRTE_ON & _CP_OFF

GPR_1   EQU     0CH
GPR_2   EQU     0DH
GPR_3   EQU     0EH
GPR_4   EQU     010H
GPR_5   EQU     011H
        ORG     0
MAIN
        BSF     STATUS,RP0
        CLRF    TRISA
```

```
            MOVLW       0FH
            MOVWF       TRISB
            BCF         OPTION_REG,7
            BCF         STATUS,RP0
LOOP
            BTFSC       PORTB,0
            GOTO        B0
            BTFSS       PORTB,1
            GOTO        A0
B0
            BTFSC       PORTB,0
            GOTO        B1
            BTFSS       PORTB,3
            GOTO        A1
B1
            BTFSC       PORTB,2
            GOTO        B2
            BTFSS       PORTB,1
            GOTO        A2
B2
            BTFSS       PORTB,0
            GOTO        A3
            BTFSS       PORTB,1
            GOTO        A4
            BTFSC       PORTB,2
            GOTO        B3
            BTFSS       PORTB,3
            GOTO        A5
B3
            BTFSS       PORTB,2
            GOTO        A6
            BTFSS       PORTB,3
            GOTO        A7
            GOTO        LOOP
A0
            CALL        P_1              Ⓑ
            CALL        P_0          →  CALL P_1
            CALL        P_1          →  CALL P_0
            CALL        P_0
            CALL        P_0
            CALL        P_0
            CALL        P_1
            CALL        P_1
            CALL        P_0
```

7.7 アセンブリ言語による赤外線リモコン・ボクシングファイターの制御

```
        CALL    P_1
        CALL    P_0
        CALL    P_1
        CALL    TIM20
        GOTO    LOOP
A1
        CALL    P_1             Ⓑ
        CALL    P_0         →   CALL P_1
        CALL    P_1         →   CALL P_0
        CALL    P_0
        CALL    P_0
        CALL    P_1
        CALL    P_0
        CALL    P_1
        CALL    P_0
        CALL    P_1
        CALL    P_0
        CALL    P_1
        CALL    TIM20
        GOTO    LOOP
A2
        CALL    P_1             Ⓑ
        CALL    P_0         →   CALL P_1
        CALL    P_1         →   CALL P_0
        CALL    P_0
        CALL    P_0
        CALL    P_1
        CALL    P_1
        CALL    P_1
        CALL    P_0
        CALL    P_1
        CALL    P_0
        CALL    P_1
        CALL    TIM20
        GOTO    LOOP
A3
        CALL    P_1             Ⓑ
        CALL    P_0         →   CALL P_1
        CALL    P_1         →   CALL P_0
        CALL    P_0
        CALL    P_1
        CALL    P_0
        CALL    P_0
        CALL    P_1
```

```
        CALL    P_0
        CALL    P_1
        CALL    P_0
        CALL    P_1
        CALL    TIM20
        GOTO    LOOP
A4
        CALL    P_1             Ⓑ
        CALL    P_0       →    CALL P_1
        CALL    P_1       →    CALL P_0
        CALL    P_0
        CALL    P_1
        CALL    P_0
        CALL    P_1
        CALL    P_1
        CALL    P_0
        CALL    P_1
        CALL    P_0
        CALL    P_1
        CALL    TIM20
        GOTO    LOOP
A5
        CALL    P_1             Ⓑ
        CALL    P_0       →    CALL P_1
        CALL    P_1       →    CALL P_0
        CALL    P_0
        CALL    P_1
        CALL    P_1
        CALL    P_0
        CALL    P_1
        CALL    P_0
        CALL    P_1
        CALL    P_0
        CALL    P_1
        CALL    TIM20
        GOTO    LOOP
A6
        CALL    P_1             Ⓑ
        CALL    P_0       →    CALL P_1
        CALL    P_1       →    CALL P_0
        CALL    P_0
        CALL    P_1
        CALL    P_1
        CALL    P_1
```

7.7 アセンブリ言語による赤外線リモコン・ボクシングファイターの制御　　**175**

```
            CALL      P_1
            CALL      P_0
            CALL      P_1
            CALL      P_0
            CALL      P_1
            CALL      TIM20
            GOTO      LOOP
A7
            CALL      P_1                    Ⓑ
            CALL      P_0          →     CALL P_1
            CALL      P_1          →     CALL P_0
            CALL      P_1
            CALL      P_0
            CALL      P_0
            CALL      P_0
            CALL      P_1
            CALL      P_0
            CALL      P_1
            CALL      P_0
            CALL      P_1
            CALL      TIM20
            GOTO      LOOP
P_0
            MOVLW     0FH
            MOVWF     PORTA
            MOVLW     D'48'
            MOVWF     GPR_4
L1          CALL      TIM011
            DECFSZ    GPR_4,F
            GOTO      L1
            RETURN
P_1
            MOVLW     D'23'
            MOVWF     GPR_5
L2          CLRF      PORTA
            CALL      TIM011
            MOVLW     0FH
            MOVWF     PORTA
            CALL      TIM011
            DECFSZ    GPR_5
            GOTO      L2
            RETURN
TIM011
            MOVLW     08H
```

```
            MOVWF      GPR_1
            NOP
TIMLP1      DECFSZ     GPR_1,F
            GOTO       TIMLP1
            RETURN
TIM04
            MOVLW      0F9H
            MOVWF      GPR_2
TIMLP2      NOP
            DECFSZ     GPR_2,F
            GOTO       TIMLP2
            RETURN
TIM20
            MOVLW      032H
            MOVWF      GPR_3
TIMLP3      CALL       TIM04
            DECFSZ     GPR_3,F
            GOTO       TIMLP3
            RETURN

END
```

アセンブリ言語による赤外線リモコン・ボクシングファイターの受信回路のプログラムをプログラム7.4に示す．送信回路と同様に，A，Bの2台で対戦させる場合は，プログラム7.4のⒷで示すように，Bのデバイスコードを変更する．

プログラム 7.4　アセンブリ言語による赤外線リモコン・ボクシングファイターの受信回路

```
            LIST       P=PIC16F84A
            INCLUDE    P16F84A.INC
  _ _CONFIG  _HS_OSC & _WDT_OFF & _PWRTE_ON & _CP_OFF

GPR_1       EQU        0CH
GPR_2       EQU        0DH
GPR_3       EQU        0EH
GPR_4       EQU        010H
GPR_5       EQU        011H
            ORG        0
```

7.7 アセンブリ言語による赤外線リモコン・ボクシングファイターの制御

```
MAIN
        BSF     STATUS,RP0
        CLRF    TRISB
        MOVLW   03H
        MOVWF   TRISA
        BCF     OPTION_REG,7
        BCF     STATUS,RP0
        CLRF    PORTA
LOOP
        CLRF    PORTB
        CLRF    GPR_4
        BTFSC   PORTA,0
        GOTO    LOOP
        CALL    TIM04
        BTFSC   PORTA,0
        GOTO    LOOP
        CALL    TIM02
        CALL    TIM04               Ⓑ
        BTFSS   PORTA,0      →  BTFSC  PORTA, 0
        GOTO    LOOP
        CALL    TIM02
        CALL    TIM04
        BTFSC   PORTA,0      →  BTFSC  PORTA, 0
        GOTO    LOOP
        CALL    TIM02
        CALL    TIM04
        BTFSC   PORTA,0
        GOTO    B0
        BSF     GPR_4,3
B0
        CALL    TIM02
        CALL    TIM04
        BTFSC   PORTA,0
        GOTO    B1
        BSF     GPR_4,2
B1
        CALL    TIM02
        CALL    TIM04
        BTFSC   PORTA,0
        GOTO    B2
        BSF     GPR_4,1
B2
        CALL    TIM02
        CALL    TIM04
```

```
       BTFSC   PORTA,0
       GOTO    B3
       BSF     GPR_4,0
B3
       CALL    TIM02
       CALL    TIM04
       BTFSC   PORTA,0
       GOTO    LOOP
       CALL    TIM02
       CALL    TIM04
       BTFSS   PORTA,0
       GOTO    LOOP
       CALL    TIM02
       CALL    TIM04
       BTFSC   PORTA,0
       GOTO    LOOP
       CALL    TIM02
       CALL    TIM04
       BTFSS   PORTA,0
       GOTO    LOOP
       CALL    TIM02
       CALL    TIM04
       BTFSC   PORTA,0
       GOTO    LOOP
       BTFSC   PORTA,1    ; PORTA のビット 1(RA1)が "0", マイクロスイッ
                          チ ON なら, 次の命令をスキップする
       GOTO    B4         ; RA1 が "0" でないなら, ラベル B4 へ行く
       MOVLW   0CH        ; 0CH を W レジスタに転送
       MOVWF   PORTA      ; W レジスタの内容(0CH)を PORTA に転送. 圧電
                          ブザー ON, LED 消灯
       CALL    TIM500     ; 0.5s タイマサブルーチンをコールする
       CALL    TIM500     ; 0.5s タイマサブルーチンをコールする
       CLRF    PORTA      ; PORTA クリア(0). 圧電ブザー OFF, LED 点灯
       CALL    TIM500     ; 0.5s タイマサブルーチンをコールする
       MOVLW   0CH        ; 0CH を W レジスタに転送
       MOVWF   PORTA      ; W レジスタの内容(0CH)を PORTA に転送. 圧電
                          ブザー ON, LED 消灯
       CALL    TIM500     ; 0.5s タイマサブルーチンをコールする
       CALL    TIM500     ; 0.5s タイマサブルーチンをコールする
       CLRF    PORTA      ; PORTA クリア(0). 圧電ブザー OFF, LED 点灯
       CALL    TIM500     ; 0.5s タイマサブルーチンをコールする
B4
       DECFSZ  GPR_4,1
       GOTO    C0
```

7.7 アセンブリ言語による赤外線リモコン・ボクシングファイターの制御

```
            GOTO     A0
C0
            DECFSZ   GPR_4,1
            GOTO     C1
            GOTO     A1
C1
            DECFSZ   GPR_4,1
            GOTO     C2
            GOTO     A2
C2
            DECFSZ   GPR_4,1
            GOTO     C3
            GOTO     A3
C3
            DECFSZ   GPR_4,1
            GOTO     C4
            GOTO     A4
C4
            DECFSZ   GPR_4,1
            GOTO     C5
            GOTO     A5
C5
            DECFSZ   GPR_4,1
            GOTO     C6
            GOTO     A6
C6
            DECFSZ   GPR_4,1
            GOTO     LOOP
            GOTO     A7
A0
            MOVLW    0AH
            MOVWF    PORTB
            CALL     TIM100
            GOTO     LOOP
A1
            MOVLW    09H
            MOVWF    PORTB
            CALL     TIM100
            GOTO     LOOP
A2
            MOVLW    06H
            MOVWF    PORTB
            CALL     TIM100
            GOTO     LOOP
```

```
A3
        MOVLW   08H
        MOVWF   PORTB
        CALL    TIM100
        GOTO    LOOP
A4
        MOVLW   02H
        MOVWF   PORTB
        CALL    TIM100
        GOTO    LOOP
A5
        MOVLW   05H
        MOVWF   PORTB
        CALL    TIM100
        GOTO    LOOP
A6
        MOVLW   04H
        MOVWF   PORTB
        CALL    TIM100
        GOTO    LOOP
A7
        MOVLW   01H
        MOVWF   PORTB
        CALL    TIM100
        GOTO    LOOP
TIM02                           ; 200μs タイマ
        MOVLW   07CH
        MOVWF   GPR_1
TIMLP1  NOP
        DECFSZ  GPR_1,F
        GOTO    TIMLP1
        RETURN
TIM04                           ; 400μs タイマ
        MOVLW   0F9H
        MOVWF   GPR_2
TIMLP2  NOP
        DECFSZ  GPR_2,F
        GOTO    TIMLP2
        RETURN
TIM100                          ; 0.1s タイマ
        MOVLW   0F9H
        MOVWF   GPR_3
TIMLP3  CALL    TIM04
        DECFSZ  GPR_3,F
```

```
              GOTO       TIMLP3
              RETURN
TIM500                               ; 0.5s タイマ
              MOVLW      05H
              MOVWF      GPR_5
TIMLP4        CALL       TIM100
              DECFSZ     GPR_5,F
              GOTO       TIMLP4
              RETURN

END                                  ; プログラムの終りをアセンブラに指示する
```

参 考 文 献

1) 船倉一郎，土屋堯，堀桂太郎：入門ロボット制御のエレクトロニクス，オーム社
2) 株式会社タミヤ：ロボクラフトシリーズ取扱い説明書
3) 鈴木美朗志：たのしくできる PIC プログラミングと制御実験，東京電機大学出版局
4) 鈴木美朗志：たのしくできる C & PIC 制御実験，東京電機大学出版局
5) 鈴木美朗志：たのしくできる C & PIC 実用回路，東京電機大学出版局
6) 鈴木美朗志：たのしくできるセンサ回路と制御実験，東京電機大学出版局

付 録　本書で扱った各種の部品や装置の入手先

- 日本ユースウェア㈱（プログラム書込み済 PIC と部品セット）

  本書で使用したすべての部品とプログラム書込み済みの PIC が入手可能です。

  〒221-0835　横浜市神奈川区鶴屋町 2-9-7

  TEL・FAX：045-312-4743

  http://homepage2.nifty.com/nihon_useware/Company.html

- マイクロチップ・テクノロジー・ジャパン㈱

  〒222-0033　横浜市港北区新横浜 3-18-20　BENEX　S-1（6F）

  TEL：045-471-6166

  FAX：045-471-6122

  http://www.microchip.co.jp

- ㈱秋月電子通商

    秋葉原店　〒101-0021　東京都千代田区外神田 1-8-3　野水ビル 1F

    　　　　　TEL：03-3251-1779

    　　　　　FAX：03-3251-3357

    川口通販センター　〒334-0063　埼玉県川口市東本郷 252

    　　　　　TEL：048-287-6611

    　　　　　FAX：048-287-6612

    　　　　　http://akizukidenshi.com/

- ㈱アイ・ピイ・アイ

    CCS 社 C コンパイラ PCM を入手できます。

    〒305-0035　茨城県つくば市松代 3-19-4

    TEL：0298-50-3113

    FAX：0298-50-3114

    http://www.ipic.co.jp

    オンラインショップ

    http://www.ipishop.com/

- タミヤ・カスタマーサービス

    〒422-8610　静岡市駿河区恩田原 3-7

    TEL　054-283-0003（静岡）／ 03-3899-3765（東京から静岡へ自動転送）

    FAX　054-282-7763

    http://www.tamiya.com/japan/customer/cs_top.htm

索引

■英数字

# use fast_io(port)	111		delay_us(time)	88
#include	29		DN6835	56
#use fast_io(port)	67		EEPROM	8
&&	67		else if 文	67
‖	31		END	35
0.4ms タイマ	40		EQU	35
0.8s タイマ	43		fuses オプション	29
006P	17		GaAs ホール素子	56
100ms タイマ	42		GL514	117
3s タイマ	44		GOTO	38
4μs	94		HS	29
5V 低損失レギュレータ 2930L05	17		HS モード	29
ALU	9		I/O ポート	13
BCF	37		if ~ else 文	67
break 文	49		if 文	67
BSF	36		INCLUDE	35
BTFSC	38		input(pin)	30
BTFSS	38		int16	48
CALL	37		int 型変数	48
CCS-C コンパイラ	48		LED	16
CLRF	36		LIST	35
C-MOS	20		long	48
CONFIG	35		main	29
CRVP1738	117		MOVLW	36
CR 回路	18		MOVWF	37
C 言語	48		NAND ゲート	18
DC モータ	17		NOP	38
DC モータ回路	20		NOPROTECT	29
DC モータの駆動用 IC	17		NOWDT	29
DECFSZ	39		ON-OFF	88
default	136		OPTION_REG レジスタ	94
delay_ms(time)	31		ORG	35
			output_b( )	67
			output_high(pin)	111

索 引

output_low(pin)　　*111*
PCLATH レジスタ　　*9*
PCL レジスタ　　*9*
PIC　　*1*
PIC16F84A　　*1*
PIC16F84A-20/P　　*4*
PIC ライタ　　*29*
PIN ダイオード　　*117*
port_b_pullups( )　　*88*
PORTA　　*13*
PORTB　　*13*
PUT　　*29*
RETURN　　*40*
RISC　　*3*
set_tris_a( )　　*30*
set_tris_b( )　　*30*
set_tris_x　　*67*
SMB-01　　*60*
SRAM　　*11*
STATUS　　*11*
switch 〜 case 文　　*136*
TA7257P　　*20*
TRISA　　*13*
TRISB　　*13*
TRIS レジスタ　　*13*
TTL 交換入力　　*78*
TTL バッファタイプ　　*78*
void　　*48*
while 文　　*30*
W レジスタ　　*9*

■あ行

アセンブラ　　*29*
アセンブリ言語　　*33*
圧電ブザー　　*55*
圧電ブザー回路　　*60*
アドレス　　*9*
アルカリ乾電池　　*17*
インクルードファイル　　*29*
インストール　　*29*
インセクト　　*96*
インセクト制御回路　　*99*
インバータ　　*18*
ウオッチドッグタイマ　　*29*
永久磁石　　*57*
エミッタ電流　　*100*
オシレータモード　　*29*
音スイッチ　　*16*
音スイッチ回路　　*17*
音センサ　　*17*
オペアンプ　　*18*
オペアンプ回路　　*18*

■か行

外部割り込みベクタ　　*9*
可視光線　　*117*
関数　　*29*
ギアボックス　　*17*
疑似命令　　*29*
ギヤ比　　*55*
キャリ・フラグ　　*11*
キャリア周波数　　*117*
近赤外線　　*117*
組込み関数　　*30*
クランク　　*17*
検出距離　　*99*
光起電力効果　　*102*
光電スイッチ　　*97*
光電流　　*102*
コードプロテクト　　*29*
コレクタ電流　　*60*
コンデンサ　　*18*
コンデンサマイク　　*16*
コンパイラ　　*29*

コンパイル　　　29
コンフィグレーション　　　35

■さ行

最大シンク電位　　　122
最大シンク電流　　　4
最大ソース電流　　　4
サブルーチン　　　9
算術論理演算装置　　　9
三端子レギュレータ 78L05　　　17
磁気誘導現象　　　59
システムディレクトリ　　　29
磁性体　　　58
磁束密度　　　57
しゃ断周波数　　　103
充電電流　　　80
縮小セット命令コンピュータ　　　3
受光器　　　99
受光復調回路　　　99
受信データ　　　121
出力アクティブロウ　　　118
出力モード　　　30
受波器　　　79
シュミットトリガ回路　　　60
シュミットトリガタイプ　　　78
シュミットトリガ入力　　　78
順電流　　　122
ショベルドーザ　　　74
ショベルドーザ制御回路　　　75
シリコン　　　56
真理値表　　　20
スイッチコード　　　121
スイッチング出力型　　　56
スタートビット　　　121
スタック配置　　　8
スタックメモリ　　　9
スティック　　　116

ストップビット　　　121
スレショルド電圧　　　20
整流　　　80
整流子　　　21
赤外 LED　　　97
赤外線 LED　　　122
赤外線通信　　　117
赤外線リモコン受信モジュール　　　116
赤外線リモコン送信回路　　　122
赤外線リモコン送信機　　　116
積分回路　　　59
積分変形　　　60
セラミックコンデンサ　　　21
ゼロ・フラグ　　　11
送信データ　　　121
ソースプログラム　　　35

■た行

ダイオード　　　77
単安定マルチバイレータ　　　18
単一電源　　　18
チャタリング　　　59
チャタリング除去回路　　　59
超音波　　　79
超音波受信回路　　　77
超音波センサ　　　74
超音波送信回路　　　76
超音波送波器　　　76
通信距離　　　117
通信速度　　　119
ディジット・キャリ・フラグ　　　11
ディレイ　　　31
データバス　　　13
データメモリ　　　9
デバイスコード　　　121
電源回路　　　17
電源増幅路　　　18

索　引

電流増幅　　60
透過型　　99
投光器　　99
特殊機能レジスタ　　11
ドライブIC　　21
トランジスタ　　60
トランジスタ駆動　　60
トランジスタ駆動回路　　76
トリガパルス　　18

■な行

内蔵プルアップ機能　　88
内蔵プルアップ抵抗　　88
ニッケル水素電池　　17
入出力制御関数　　88
入出力ピン　　30
入出力ピン制御関数　　30
入出力ポート　　13
入出力モード設定プリプロセッサ　　67
入力バッファ　　78
ネスティング　　9
ノイズ　　21
ノーマルオープン型　　59

■は行

バイアス電圧　　77
ハイパスフィルタ　　103
発振回路　　60
発振周波数 clock　　29
バッファ　　103
パルス　　100
パルス駆動　　99
パルス光　　102
パルス信号　　99
パワーアップタイマ　　29
バンク　　11
バンク0　　11

バンク1　　11
反射型　　99
反射方式　　78
反転増幅回路　　77
汎用レジスタ　　11
ピーク発光波長　　117
引数　　31
非反転増幅回路　　18
非反転入力端子　　77
ファイルアドレス　　29
ファイルレジスタ　　10
フォトダイオード　　97
フラグレジスタ　　11
フラッシュプログラムメモリ　　3
フラッシュメモリ　　8
プリプロセッサ　　29
プログラムカウンタ　　9
プログラムメモリ　　8
プログラムライタ　　8
プロトタイプ宣言　　48
平滑回路　　77
ベース・エミッタ間電圧　　103
ベース電流　　60
変数　　49
変数レジスタ　　29
変調投光回路　　99
方形波　　76
ポートA　　13
ポートB　　13
ホールIC　　54
ホール素子　　56
ボクシングファイター　　158

■ま行

マイクロスイッチ　　16
無限ループ　　30
メインルーチン　　48

| メカ・ダチョウ | 54 |
| メカ・ドック | 15 |

■ら行

リードスイッチ	55
リードスイッチ回路	58
リード片	58
リセットベクタ	9
リニア出力型	56
リプル	79
リンクロッド	17
レジスタ	9
論理演算子	31
論理積	67
論理和	31

■わ行

| ワーキングレジスタ | 9 |
| ワンチップマイコン | 1 |

＜著者紹介＞

鈴木美朗志
<ruby>鈴<rt>すず</rt></ruby><ruby>木<rt>き</rt></ruby><ruby>美<rt>み</rt></ruby><ruby>朗<rt>お</rt></ruby><ruby>志<rt>し</rt></ruby>

学　歴	関東学院大学工学部第二部電気工学科卒業（1969）
	日本大学大学院理工学研究科電気工学専攻修士課程修了（1978）
現　在	横須賀市立横須賀総合高等学校定時制教諭

たのしくできる
PIC メカキット工作

2005年10月20日　第1版1刷発行	著　者　鈴木美朗志
	発行所　学校法人　東京電機大学 　　　　東京電機大学出版局 　　　　代表者　加藤康太郎 　　　　〒101-8457 　　　　東京都千代田区神田錦町 2-2 　　　　振替口座　00160-5-71715 　　　　電話（03）5280-3433（営業） 　　　　　　（03）5280-3422（編集）
印刷　新灯印刷㈱ 製本　渡辺製本㈱ 装丁　高橋壮一	© Suzuki Mioshi　2005 Printed in Japan

＊無断で転載することを禁じます。
＊落丁・乱丁本はお取替えいたします。

ISBN4-501-54000-1　C3055

「たのしくできる」シリーズ

たのしくできる
やさしいエレクトロニクス工作
西田和明 著　　A5判　148頁

光の回路／マスコット蛍光灯／電子オルガン／集音アンプ／鉱石ラジオ／レフレックスラジオ／ワイヤレスミニTV送信器／アイデア回路／電気びっくり箱／念力判定器／半導体テスタ

たのしくできる
やさしい電源の作り方
西田和明・矢野勲 共著　　A5判　172頁

基礎知識／手作り電池／ポータブル電源の製作／車載用電圧コンバータ／カーバッテリー用充電器／ポケット蛍光灯／固定電源の製作／出力可変のマルチ1.5A安定化電源／13.8V定電圧電源

たのしくできる
やさしいアナログ回路の実験
白土義男 著　　A5判　196頁

トランジスタ回路の実験／増幅回路の実験／FET回路の実験／オペアンプの実験／発振回路の実験／オペアンプ応用回路の実験／光センサ回路／温度センサ回路／定電圧電源回路／リミッタ回路

たのしくできる
センサ回路と制御実験
鈴木美朗志 著　　A5判　200頁

光・温度センサ回路／磁気・赤外線センサ回路／超音波・衝撃・圧力センサ回路／Z-80 CPUの周辺回路と制御実験／センサ回路を使用した制御実験／A-D・D-Aコンバータを使用した制御実験

たのしくできる
単相インバータの製作と実験
鈴木美朗志 著　　A5判　160頁

インバータによる誘導モータの速度制御／直流電源回路／リレーシーケンス回路／PWM制御回路／周波数カウンタ回路／単相インバータの組立て／機械の速度制御／位相制御回路

たのしくできる
やさしい電子ロボット工作
西田和明 著　　A5判　136頁

工作ノウハウ／プリント基板の作り方／ラインレースカー／光探査ロボットカー／ボイスコントロール式ロボットボート／タッチロボット／脱輪復帰ロボット／超音波ロボットマウス

たのしくできる
やさしいメカトロ工作
小峯龍男 著　　A5判　172頁

道具と部品／標準の回路とメカニズム／ノコノコ歩くロボット／電源を用意する／光で動かす／音を利用する／ライントレーサ／相撲ロボット競技に挑戦／ロケット花火発射台／自動ブラインド

たのしくできる
やさしいディジタル回路の実験
白土義男 著　　A5判　184頁

回路図の見方／回路部品の図記号／回路図の書き方／測定器の使い方／ゲートICの実験／規格表の見方／マルチバイブレータの実験／フリップフロップの実験／カウンタの実験

たのしくできる
PCメカトロ制御実験
鈴木美朗志 著　　A5判　208頁

PC入出力装置／基本回路のプログラミング／応用回路のプログラミング／ベルトコンベヤと周辺装置／ベルトコンベヤを利用した吾種の制御／ステッピンクモータとDCモータの制御

たのしくできる
並列処理コンピュータ
小畑正貴 著　　A5判　208頁

実験用マルチプロセッサボードmpSHのハードウェア／並列ライブラリプログラム／並列プログラムの実行方法／並列プログラムの基礎／応用問題／分散メモリプログラミング（MPI）

＊定価，図書目録のお問い合わせ・ご要望は出版局までお願いいたします。
　　　　URL　http://www.tdupress.jp/

MPU関連図書

H8ビギナーズガイド

白土義男 著　B5変判　248頁
H8は汎用性があり高性能の埋込型マイコンである。産業界のみならず，各種ロボコンのマシン制御に使われ，多くの優勝チームがH8を使っている。このH8の使い方を初心者向けに解説。

たのしくできる
PIC電子工作　− CD-ROM付 −

後閑哲也 著　A5判　202頁

本書は，PICを徹底的に遊びに使うために，回路の製作法やプログラミングのコツをPIC16F84Aを使ってやさしく解説。

図解
Z80マイコン応用システム入門
ハード編　第2版

柏谷，佐野，中村，若島 共著　A5判　276頁

現在用いられているものに合わせ大幅に改訂した。SCSIなどの紹介の充実を図り，学習者が興味を持つよう，簡単な相撲ロボットの製作方法を解説。

図解
Z80マシン語制御のすべて
ハードからソフトまで

白土義男 著　AB判　280頁
IC, LSIを学び，使いこなす上でバイブルとして好評の「ディジタルICのすべて」「アナログICのすべて」に続く待望のZ80マイコン編。入門者でもマシン語制御について基本的な理解ができる。

勝てるロボコン
相撲ロボットの作り方

浅野健一 著　B5判　152頁
相撲ロボットの製作を通じて，メカトロニクス技術の基礎を理解できる。"工夫することにより安価に製作"を目標とし，製作費を5万円以内として，Z80を用いて勝てるロボットを製作する。

PICアセンブラ入門

浅川毅 著　A5判　184頁
マイコンの動作原理や2進数の取り扱いなど，マイコン初学者でも理解できるように解説。PICを取り扱う上でつまづきやすいプログラムについて，最もよく使われているPIC 16F84を用いて解説。

たのしくできる
PICプログラミングと制御実験
− CD-ROM付 −

鈴木美朗志 著　A5判　244頁
最もポピュラーなPIC16F84Aのみを用い，PICのプログラミングから周辺回路の動作原理までをやさしく解説。実用的な制御回路について学ぶことができる。

図解
Z80マイコン応用システム入門
ソフト編　第2版

柏谷，佐野，中村 共著　A5判　258頁

マイコンそのものや，関係する周辺機器やソフトウェアに関する記述を現在普及しているものに合わせて大幅に修正を加えた。

勝てるロボコン
高速マイクロマウスの作り方
− CD-ROM付 −

浅野健一 著　B5判　184頁
マイクロマウスの製作を通じて，メカトロニクス技術の基礎を理解できる。"工夫することにより安価に製作"を目標とし，製作費を4万円以内として，Z80を用いて勝てるロボットを製作する。

勝てるロボコン
ロボトレーサの作り方

浅野健一 著　B5判　162頁
ロボトレーサの製作を通じて，メカトロニクス技術の基礎を理解できる。"工夫することにより安価に製作"を目標とし，製作費を3万円以内として，Z80を用いて勝てるロボットを製作する。

＊定価，図書目録のお問い合わせ・ご要望は出版局までお願いいたします。
URL　http://www.tdupress.jp/

MP-001

「学生のための」シリーズ

学生のための
IT入門

若山芳三郎 著　B5判　160頁
パソコンの基礎から，Wordによる文書作成，Excelによる表計算，PowerPointによるプレゼンテーション，インターネット・電子メールまで，パソコン操作で必要となる項目をすべて網羅。

学生のための
情報リテラシー

若山芳三郎 著　B5判　196頁
一般に広く使われているWord, Excel, Access, PowerPoint等を取り上げ，基本的な使い方をコンパクトにまとめた。情報教育のテキスト・副教材として執筆。

学生のための
Word

若山芳三郎 著　B5判　124頁

大学・専門学校などの情報・OA教育のテキストや，初心者の独習書として最適。

学生のための
Access

若山芳三郎 著　B5判　128頁
Accessの基本操作からテーブルの作成，クエリ，フォーム，レポートの作成，マクロまで幅広く網羅し，重要項目を精選して解説。

学生のための
入門Java
JBuilderではじめるプログラミング
中村隆一 著　B5判　168頁
フリーで配布されているJBuilder 6 Personalを用い，初心者のためにプログラミングの基礎を解説。アプレットの作成を中心に，基本的なプログラミングを学ぶ。

学生のための
インターネット

金子伸一 著　B5判　128頁

初学者を対象に，インターネットの概要と，情報発信の一つとしてホームページ作成の基礎が習得できるように解説。

学生のための
Word&Excel

若山芳三郎 著　B5判　168頁

本書は大学などのテキストとして，また初心者の独習書として，必要な項目を精選し，例題形式で解説した。

学生のための
Excel

若山芳三郎 著　B5判　168頁

大学・専門学校などの情報・OA教育のテキストや，初心者の独習書として最適。

学生のための
VisualBasic

若山芳三郎 著　B5判　160頁
本書は，簡単なWindwsソフトの作成を楽しみながら例題演習形式でプログラムの学習を行うことができ，アプリケーションソフトの理解と活用に役立つ。

学生のための
上達Java
JBuilderで学ぶGUIプログラミング
長谷川洋介 著　B5判　226頁
前半ではグラフティックを描くアプレットの作成，後半はJBuilderに標準装備されているSwingコンポーネントを用いたGUI画面の設計を通して，プログラミングを学ぶ

---

* 定価，図書目録のお問い合わせ・ご要望は出版局までお願いいたします。
URL　http://www.tdupress.jp/

SR-501